ELEMENTOS DE FÍSICA PARA INFORMÁTICA

Unidad didáctica 3

UNIDADES DIDÁCTICAS

FERNANDO YEVES GUTIÉRREZ
MANUEL CASTRO GIL
SALVADOR MARTÍNEZ GARCÍA
JUAN PEIRE ARROBA

ELEMENTOS DE FÍSICA PARA INFORMÁTICA

Unidad didáctica 3

UNIVERSIDAD NACIONAL DE EDUCACIÓN A DISTANCIA

UNIDADES DIDÁCTICAS (40105UD11A01)
ELEMENTOS DE FÍSICA
PARA INFORMÁTICA. UU.DD. 3

Librería UNED: c/ Bravo Murillo, 38; 28015 Madrid
Tels.: 91 398 75 60/73 73, e-mail: libreria@adm.uned.es

ISBN: 84-362-2932-0
Depósito legal: M. 17.661-2006

Primera edición: octubre de 1993
Decimotercera reimpresión: abril de 2006

Impreso en España - Printed in Spain
Imprime: LERKO PRINT, S.A.
Paseo de la Castellana, 121. 28046 Madrid

ÍNDICE

UNIDAD DIDÁCTICA 3

Página

CAPÍTULO 11. SEMICONDUCTORES. EL DIODO.

CAPÍTULO 11

Objetivos

Generales

Introducción a la Electrónica como tecnología que permite el soporte físico de los procesos informáticos. Estudio de los semiconductores y del diodo de unión.

Específicos

— Distinción entre la Electrotecnia y la Electrónica.

— Hitos importantes en el desarrollo de la Electrónica.

— Conducción en metales y semiconductores.

— Estudio del fenómeno de la difusión en semiconductores.

— Estudio del diodo de unión en polarización directa e inversa y deducción de las curvas características y de los circuitos equivalentes.

— Diodo zener.

— Diodo fotoemisor.

11. SEMICONDUCTORES. EL DIODO

11.1. La Electrónica y la Informática

11.1.1. *Introducción*

Actualmente, la tecnología Electrónica es el soporte de los ingenios de computación porque constituye el medio más económico y seguro de manejar con rapidez grandes cantidades de información. El tratamiento de la información de forma eficaz exige, precisamente, procesar (recibir, relacionar significativamente, almacenar y enviar) enormes cantidades de unidades elementales de información. Además, para que dicha información sea permeable al entorno, debe ser transformada desde y hacia los lenguajes de expresión ordinaria del ser humano (lenguaje hablado y escrito, representación gráfica y musical).

Desde que el hombre ha dispuesto de alguna tecnología con cierto grado de desarrollo, se ha planteado reproducir, en dispositivos externos a sí mismo, algunas de las funciones de su psique, bien para resolver algún problema práctico (como el descifrado de mensajes enemigos durante la segunda guerra mundial, tarea en la que colaboró Turing en el bando aliado) o por puro divertimento (con fines de divertimento se construyó el autómata mecánico que realizaba algunos movimientos de ajedrez del español Leonardo Torres Quevedo).

Para llevar a cabo dicha tarea deben darse dos condiciones:

a) El hombre debe ser lo suficientemente consciente de sus procesos psíquicos como para objetivarlos y emularlos concretándolos en procedimientos y teorías que ayuden a comprender y manejar la «realidad externa».

Así, en una trama indisociable de aplicaciones y concepciones, el número usado por los egipcios para contabilizar sus graneros fue elevado a concepto relacional genérico por los pitagóricos. Sobre ambas vertientes, los árabes desarrollaron el álgebra y más tarde Newton y los matemáticos modernos construyeron e independizaron la ciencia matemática hasta límites insospechados, llegándose a convertir en guía de la física teórica (recuérdese la íntima relación entre la relatividad de Einstein y la Geometría de Lovachevski).

b) El hombre debe dominar, por otra parte, alguna tecnología que le permita implantar en el mundo físico objetivo sus productos mentales.

Puesto que las grandes tecnologías desarrolladas han sido, cronológicamente, la Mecánica, la Electrotecnia y la Electrónica, los intentos de realizar máquinas o ingenios humanizados han tenido como soporte sucesivo precisamente tales tecnologías. Así, el jugador de ajedrez citado de Torres Quevedo es un autómata mecánico, y con tecnología mecánica también se han realizado relativamente complejos «computadores» para solucionar ecuaciones integro-diferenciales.

Más tarde, la Electrotecnia se ha mostrado más versátil para resolver problemas de automatización en plantas industriales y en el período de 1920 a 1970 el control mediante relés electromecánicos ha sido la solución generalmente empleada.

La Electrónica brindó desde sus comienzos una solución sugerente a las ambiciones humanas en la automatización, computación y tratamiento de la información. Aunque los primeros dispositivos electrónicos eran válvulas de vacío, grandes y poco eficientes, permitieron, dada su enorme rapidez comparada con los dispositivos mecánicos y electromecánicos (un relé pequeño actúa en unos 10 ms y un triodo en 1 μs o menos), abordar problemas de computación hasta entonces impensables. Así, se construyó la máquina ENIAC en 1943, que pasa por ser el primer computador electrónico. La construyó la Universidad de Pensylvania. Ocupaba 150 m^2 y contenía 18.000 válvulas de vacío. Consumía 100 kW.

No cabe duda que la Electrónica se ha revelado como el soporte idóneo para las tareas de computación y tratamiento de la información con la aparición de los dispositivos semiconductores, diodo y transistor, que supusieron una reducción en volumen, respecto de las máquinas realizadas con válvulas, de más de 10^4 veces, para la misma capacidad de computación. Su consagración y generalización se ha alcanzado mediante el desarrollo de los circuitos impresos, los conectores miniaturizados y los cables planos, que han solucionado los problemas de interconexión (problemas generalmente olvidados por los teóricos de la Computación e Informática pero que, dentro de la ingeniería, han llegado a consolidar un campo tecnológico relativamente independiente bautizado con el nombre de Conectrónica) por una parte, y el desarrollo de los circuitos integrados por otra.

Un circuito integrado de alto nivel puede considerarse como un complicadísimo edificio a escala cuasi-molecular construido sobre un monocristal semiconductor que puede llegar a albergar millones de dispositivos elementales electrónicos tales como diodos, transistores, resistencias y condensadores, interconectados entre sí para realizar funciones variadas y complejas de tratamiento de información, las más de las veces bajo un sistema de codificación digital y, menos frecuentemente, analógico. La reducción de volumen conseguida respecto de las máquinas con semiconductores discretos puede cifrarse en unas 10^5 veces en lo que al propio circuito de computación se refiere. La reducción de tamaño alcanzable con la Electrónica integrada moderna es tan fantástica que las dimensiones mínimas de los computadores, y otros equipos informáticos, están fijados por necesidades ergonómicas y por el tamaño de los dispositivos de almacenamiento masivo (discos y cintas), todavía elevado.

Es justo decir que los componentes electrónicos no tienen por qué ser en adelante los soportes ideales de los equipos informáticos. Las miras para el futuro están puestas en los dispositivos fotónicos. El fotón, por su carencia de masa y por su comportamiento neutro en presencia de campos eléctricos y electromagnéticos, es más rápido e inmune que el electrón y ya se concibe la posibilidad de construir computadores basados en el «transistor fotónico», componente en el que se están realizando notables trabajos de investigación en laboratorios importantes. No obstante, aún en el caso de que este sueño se realice, es muy probable que la tecnología electrónica siga siendo por mucho tiempo una tecnología de acompañamiento inevitable en los dispositivos de entrada y salida de datos (teclados, pantallas, buses de comunicaciones) y fuentes de alimentación.

11.1.2. *La Electrónica frente a la Electrotecnia*

Todos los dispositivos y equipos eléctricos o electrónicos generan, tratan o transforman energía eléctrica. Ahora bien, la energía eléctrica (o cualquier otro tipo de energía o materia) puede tener un valor cuantitativo o significativo, material o simbólico, vehicular o informativo. Así, un litro de tinta, cuantitativamente no es más que un litro de agua con algunos gramos de aditivos colorantes, pero, significativamente distribuída sobre papel, puede permitir a un Cervantes escribir el Quijote. Un kilovatio-hora de energía eléctrica sirve, cuantitativamente, para cocinar un cocido, pero empleado en un FAX puede enviar una obra literaria de un punto a otro del planeta.

Para poder manejar la energía eléctrica significativamente, es necesario disponer de componentes y dispositivos que permitan un control fino de la misma. Como Cervantes tuvo que usar una pluma para distribuir con arreglo a símbolos significativos la tinta sobre el papel, el ingeniero electrónico necesita dispositivos moduladores de las magnitudes eléctricas conducidas o radiadas (tensión, intensidad, campo eléctrico y campo magnético) para poder dotarlas de significación. Los dispositivos más importantes para poder realizar tal modulación o control son los componentes amplificadores; el triodo y pentodo hasta años 50 y modernamente el transistor en sus diversas variantes.

Pues bien, la Electrotecnia (primer gran campo tecnológico derivado de la electricidad) se ocupa casi exclusivamente de los aspectos cuantitativos de la generación, transporte, distribución y aplicación con fines energéticos y de su transformación masiva en calor (hornos), luz (lámparas), movimiento (motores eléctricos) y derivados químicos (galvanoplastias, electrólisis, etc.). Las escasas necesidades de control de estas aplicaciones las ha cubierto con conmutadores e interruptores mecánicos y electromecánicos (interruptores, seccionadores, relés, contactores, etc.).

El nacimiento de la Electrónica como rama separada de la Electrotecnia está marcada, históricamente, por el desarrollo de las válvulas de vacío (diodo, triodo, pentodo, etc.) que fueron los primeros dispositivos capaces de controlar con rapidez y poder de amplificación suficiente (empleando poca energía en el control) la tensión y la corriente eléctrica. Su nombre deriva del uso de los electrones como vehículo energético. Nótese también que el nombre de «válvulas» dado genéricamente a tales dispositivos alude directamente a su capacidad de control.

Para fijar mejor el concepto de amplificación obsérvese la figura 11.1. Un componente amplificador genérico forma parte de cierto circuito de potencia (la etapa de salida de una puerta lógica, por ejemplo) donde se gobierna una tensión e intensidad instantáneas totales u_p e i_p. A su vez, el amplificador genérico está mandado por un circuito de control que necesita aportar la tensión e intensidad u_c e i_c. Puede definirse como amplificación instantánea total A_{IT} al cociente:

$$A_{IT} = \frac{u_p \cdot i_p}{u_c \cdot i_c} \tag{11.1}$$

En los transistores bipolares este parámetro puede llegar a 10^4, y a 10^6 en los transistores FET.

Aunque la definición propuesta de amplificación tiene un alto valor introductorio, en la práctica queda reemplazada por el de amplificación en corriente alterna y por el de rendimiento energético global.

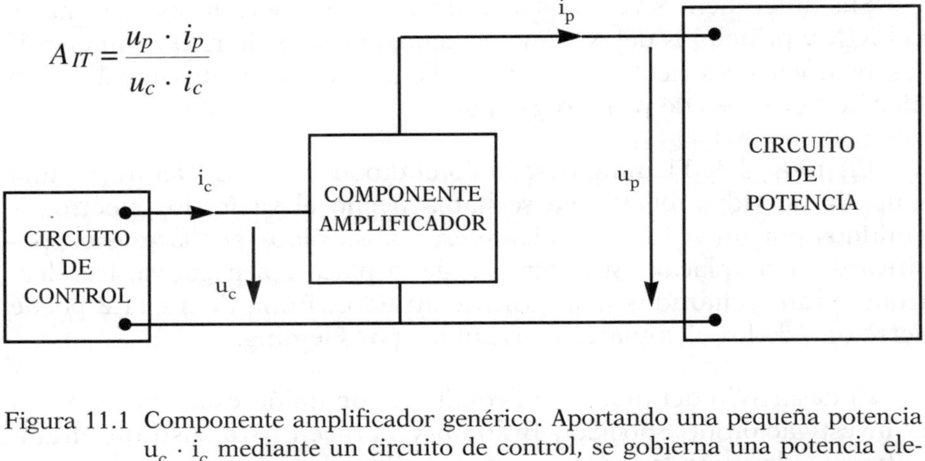

Figura 11.1 Componente amplificador genérico. Aportando una pequeña potencia $u_c \cdot i_c$ mediante un circuito de control, se gobierna una potencia elevada $u_p \cdot i_p$ en el circuito de potencia. A_{IT} es la amplificación instantánea total.

11.1.3. *Hitos en el desarrollo de la Electrónica*

Dado el carácter introductorio de esta obra para futuros técnicos en Informática, de la apasionante historia de la Electrónica se entresacan los desarrollos que han conducido a los circuitos integrados que, como ya se ha visto, son el soporte físico de la ciencia informática en la actualidad. Para un estudio más detallado, se refiere al lector a la bibliografía del final de capítulo.

11.1.3.1. Desarrollo del diodo semiconductor

Como se verá en este mismo capítulo, el diodo semiconductor está constituido por la unión de dos cristales semiconductores dopados distintamente que presenta una baja resistencia a la circulación de corriente en un sentido y muy alta resistencia en el contrario. Puede verse su símbolo y curva característica en la figura 11.12.

Aunque no es un componente amplificador, el diodo está considerado en muchos ámbitos técnicos como perteneciente a la familia de los «componentes activos» y su aparición en su variante de válvula de vacío marca el desdoblamiento de la Electrotecnia y la Electrónica. Obsérvese que los rectificadores con sólo diodos ya son estudiados hoy dentro de la Electrónica de Potencia.

Sus antecedentes remotos son los antiguos «detectores» de finales del XIX y principios del XX que detectaban ondas de radio con circuitos rectificadores hechos con tubos llenos de filamentos metálicos o bien con cristales de pirita o galena.

En 1904, J.A. Fleming desarrolló el diodo de vacío. Dentro de una ampolla de vidrio en la que se había hecho el vacío, los electrones emitidos por un «cátodo» caliente eran absorbidos por la tensión positiva de una «placa». Si la tensión de la placa era negativa, los electrones eran rechazados y, si positiva, atraídos. En la figura 11.2 puede verse uno de los ejemplares construídos por Fleming.

El desarrollo del diodo semiconductor de unión está asociado con la investigación de Shockley, Brattain y Bardeen para sustituir el amplificador de vacío (triodo) por un amplificador sólido, como se verá más adelante.

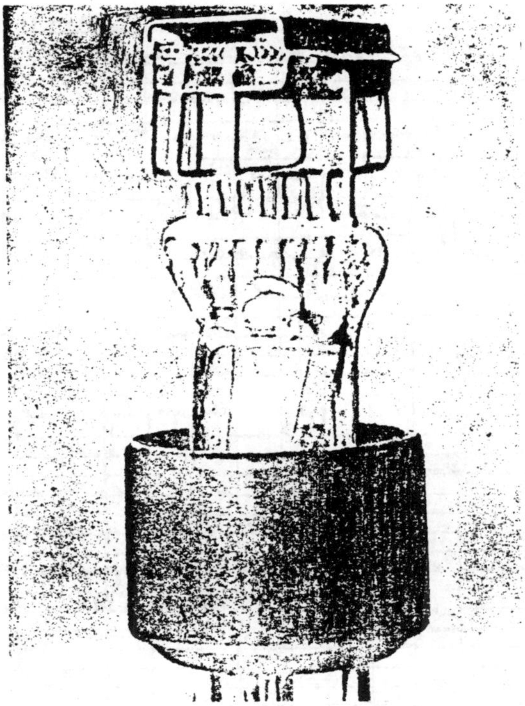

Figura 11.2. Diodo de vacío de J. A. Fleming. 1904

El nacimiento del diodo zener (veáse el apartado 11.5) está ligado al del diodo de unión. No así el del diodo fotoemisor, que arranca de experimentos de H.J. Round hacia 1906. Round registró fenómenos electroluminiscentes en el curso del desarrollo de receptores de radio de alta sensibilidad con Marconi, pero no aplicó el hallazgo.

Olg. V. Losev redescubrió el fenómeno en 1923 trabajando con carburo de silicio. Durante los años 60 las firmas Hewlett-Packard y Monsanto desarrollaron diodos fotoemisores mucho más efectivos trabajando con compuestos binarios.

11.1.3.2. Desarrollo del transistor bipolar

En 1945, el equipo de investigación de la Bell Telephon compuesto por W. Shockley, N. Brattain y J. Bardeen se proponía desarrollar

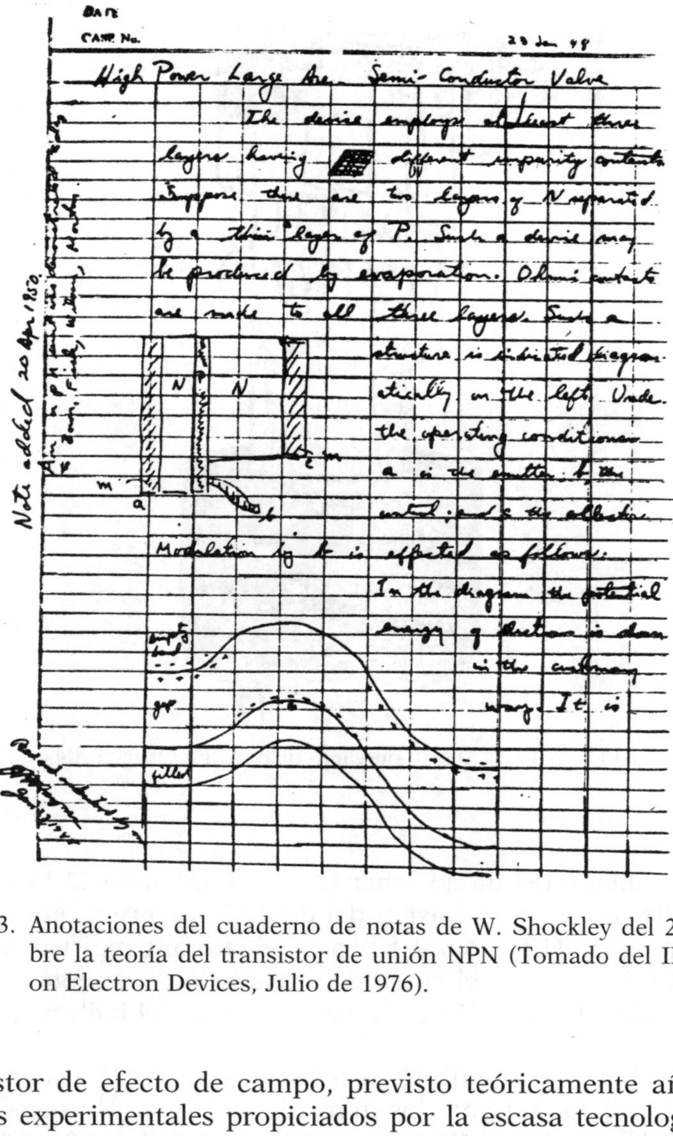

Figura 11.3. Anotaciones del cuaderno de notas de W. Shockley del 23, I, 48 sobre la teoría del transistor de unión NPN (Tomado del IEEE Trans. on Electron Devices, Julio de 1976).

el transistor de efecto de campo, previsto teóricamente años atrás. Los fallos experimentales propiciados por la escasa tecnología disponible dieron lugar a diversos estudios que llevarían a Bardeen a proponer que una capa superficial de cargas apantallaba al campo en el interior del semiconductor. Los estudios teóricos derivados para explicar dicho fenómeno serían la base del posterior descubrimiento del transistor de punto de contacto y, más tarde, del transistor de unión que se adelantaría, así en la práctica, al anunciado transistor de efecto de campo.

El transistor de unión funcionó por primera vez el 20 de mayo de 1950, pero su consecución pasó por la del transistor de punto de contacto, en el que se modula la intensidad inversa de una unión PN mediante la aplicación sobre la misma de un contacto metálico. Este transistor funcionó el 16 de diciembre de 1947. Hoy está totalmente abandonado por ser sólo útil para muy bajas corrientes, entre otras razones.

El núcleo de la teoría del transistor de unión NPN vio finalmente la luz en el cuaderno de notas de Shockley el 13 de enero de 1948. En

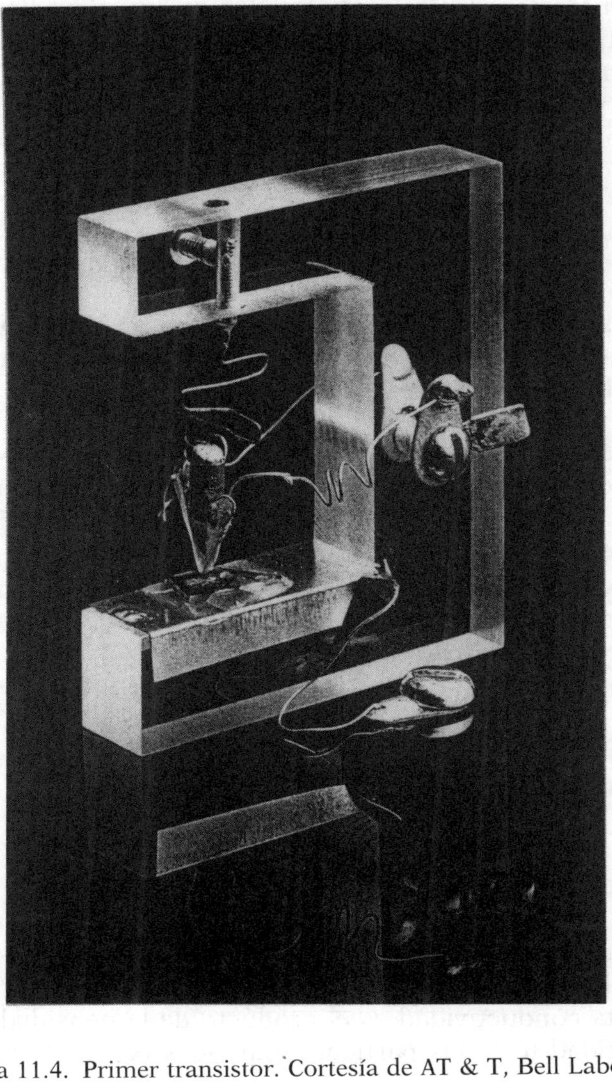

Figura 11.4. Primer transistor. Cortesía de AT & T, Bell Laboratories.

la figura 11.3 puede verse parte de su cuaderno de notas correspondiente a este descubrimiento.

11.1.3.3. Desarrollo del circuito integrado

Con el nombre de circuitos integrados se denominan ciertos dispositivos basados en diversas tecnologías de fabricación compuestos por componentes activos y pasivos reunidos en un bloque sellado al que acceden los terminales necesarios para su utilización como tal. Responde al intento de abaratar y reducir el montaje de circuitos electrónicos complicados. Son la base de los equipos electrónicos actuales. Aunque pueden realizarse con tecnologías de película gruesa, película delgada y de estructura monolítica, normalmente se entiende por circuitos integrados los de estructura monolítica.

El invento suele atribuirse a J.S. Kilby, ingeniero eléctrico de Texas Instruments, fijándose la fecha el 28 de agosto de 1958.

Kilby trabajó primeramente en Centralab en miniaturización de circuitos. En 1958 se cambió a Texas Instruments por estar más especializada en semiconductores.

El 28 de agosto del mismo año se probó un flip-flop construido con transistores discretos de unión crecida y con resistencias y condensadores realizados sobre barritas y placas de silicio. En septiembre siguiente construyó un oscilador y un flip-flop totalmente integrados, en el sentido actual, partiendo de una oblea de 10 mm de lado que contenía 25 transistores. Las interconexiones se hicieron por evaporación mediante máscaras metálicas.

11.2. La conducción eléctrica en semiconductores

Como resumen de la teoría de la conducción eléctrica en cuerpos sólidos con cargas móviles, expuesta en el capítulo 4, se puede decir que existe una constante de proporcionalidad entre la densidad de corriente J y el campo aplicado E llamada conductividad σ (veáse 4.16). A su vez, esta conductividad es el producto de la densidad de carga ρ por la movilidad μ de las partículas cargadas (veáse 4.15). La densi-

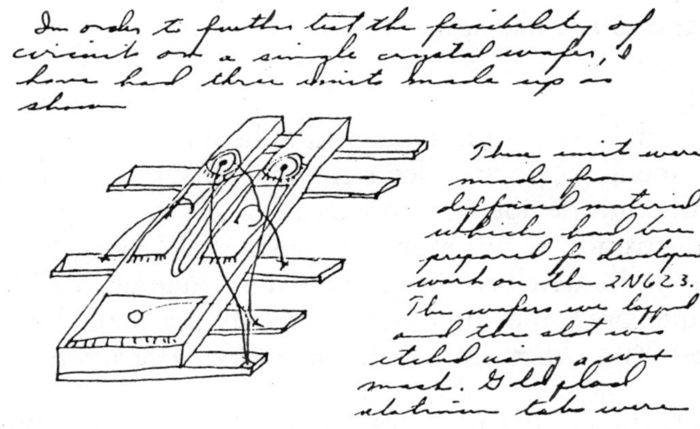

Figura 11.5. Página del cuaderno de notas de J.S. Kilby que describe la construcción de un flip-flop a partir de un substrato de germanio. Tomado de [2].

dad de carga es igual a la concentración n de partículas por su carga unitaria q. Llamando resistividad ρ_c a la inversa de la conductividad σ y aplicando la ley de Ohm a las relaciones anteriores, resulta como expresión de la resistencia eléctrica R de un conductor cilíndrico homogéneo de longitud l y sección S, la expresión 4.17.

Se repiten aquí por comodidad las relaciones citadas y se glosa el significado de los símbolos empleados dando sus unidades en el SI:

$$\begin{array}{ll} J = \sigma E & \rho_c = 1 / \sigma \\ \sigma = \rho \mu & R = \rho_c (l/S) \\ \rho = n q & \end{array} \qquad (11.1)$$

siendo:

J	= densidad de corriente en el sólido	(A/m^2)
E	= campo eléctrico en el sólido	(V/m)
σ	= conductividad eléctrica del sólido	($(\Omega.m)^{-1}$ ó (S)
ρ	= densidad de cargas móviles en el sólido	(C/m^3)
μ	= movilidad de las partículas cargadas	($m^2/V.s$)
n	= concentración de partículas	$(m^3)^{-1}$
q	= carga eléctrica de la partícula	(C) $1{,}6.10^{-19}$C para el electrón
ρ_c	= resistividad eléctrica del sólido	(Ω.m)
R	= resistencia de un conductor eléctrico homogéneo	(Ω)
l	= longitud del conductor	(m)
S	= sección del conductor	(m^2)

11.2.1. *Conducción en metales*

La teoría anterior es directamente aplicable a la conducción en metales. Un metal, a efectos eléctricos, puede ser considerado como una estructura fija de iones atómicos (átomos desprovistos de uno, dos o tres electrones, según el metal considerado) positivamente cargados y una «nube de electrones libres» desarraigados de sus átomos originarios que presentan una elevada movilidad μ para desplazarse en el seno del sólido en presencia de un campo eléctrico E.

Se consideran metales los sólidos que a temperatura ambiente tienen prácticamente todos los electrones de valencia liberados para moverse fácilmente en el seno del cuerpo iónico. En la figura 11.6 se representa su estructura en un plano. En ausencia de campo eléctrico, los electrones se mueven aleatoriamente por «agitación térmica», sin resultar corriente eléctrica neta alguna. En presencia de un campo eléctrico, normalmente causado por la aplicación de una diferencia de potencial V a los extremos del conductor, los electrones presentan un movimiento promedio neto hacia el extremo positivo con valores bastante constantes para μ, ρ y σ. En general, la conductividad de los metales baja ligeramente con la temperatura a temperaturas alejadas del cero absoluto.

Para fijar conceptos realícese el ejercicio 11-1.

11.2.2. *Semiconductores intrínsecos*

Desde el punto de vista de la facilidad para conducir corriente eléctrica, los sólidos pueden clasificarse en metales, semiconductores y aislantes. Interpretado su comportamiento mediante la teoría de conducción aquí estudiada, las enormes diferencias en conductividad pueden ser explicadas por las diferencias en la concentración de cargas libres y en la movilidad de dichas cargas. A su vez, estas diferencias pueden justificarse mediante la teoría de bandas de energía. (Véase [3] y [4]). Los metales, por su elevada conductividad se emplean para realizar los caminos conductores dentro de los circuitos integrados y, fuera de ellos, en los circuitos impresos y los cables de interconexión.

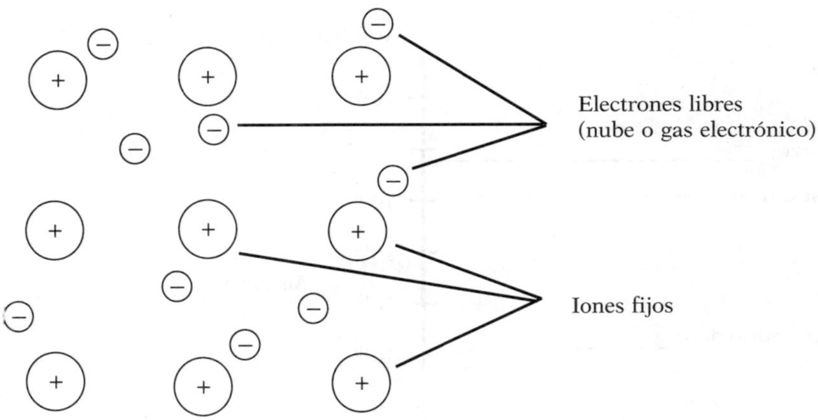

Figura 11.6. Representación plana de un cuerpo sólido metálico de átomos monovalentes. Los átomos están ionizados y han perdido un electrón que puede circular libremente por el sólido.

En el extremo opuesto se encuentran los materiales aislantes, que utilizados para realizar soportes mecánicos neutros y elementos de separación eléctrica, presentan una bajísima conductividad, o lo que es igual, una elevada resistividad. Los materiales semiconductores presentan propiedades intermedias y, como se ha visto en el resumen histórico de la Electrónica, se han revelado como elementos ideales para la fabricación de componentes activos sólidos. En la figura 11.7 se muestra una tabla con resistividad eléctrica de algunos de los tres tipos de sólidos usados en electrónica.

Los semiconductores más empleados son el silicio, el germanio y el galio. Inicialmente fue el germanio el más usado y hoy lo es el silicio. Un cristal de silicio puro o «intrínseco» presenta una ordenación regular de los átomos en los vértices de tetraedros repetidos, de modo que cada átomo está ligado a cuatro átomos vecinos por enlaces covalentes de dos electrones (uno de cada átomo). Véase la figura 11.8. Por encima del cero absoluto de temperatura, la agitación térmica rompe alguno de los enlaces covalentes, de modo que uno de los electrones del mismo queda libre para viajar como «gas» electrónico dentro del cristal. La ausencia de su carga negativa deja con una carga positiva de igual valor al átomo originario. Alguno de los electrones libres puede llenar el «hueco» dejado en el enlace covalente roto (recombianción electron-átomo), apareciendo y desapareciendo huecos a los que puede asociarse una carga elemental positiva de forma errática en todo el cristal.

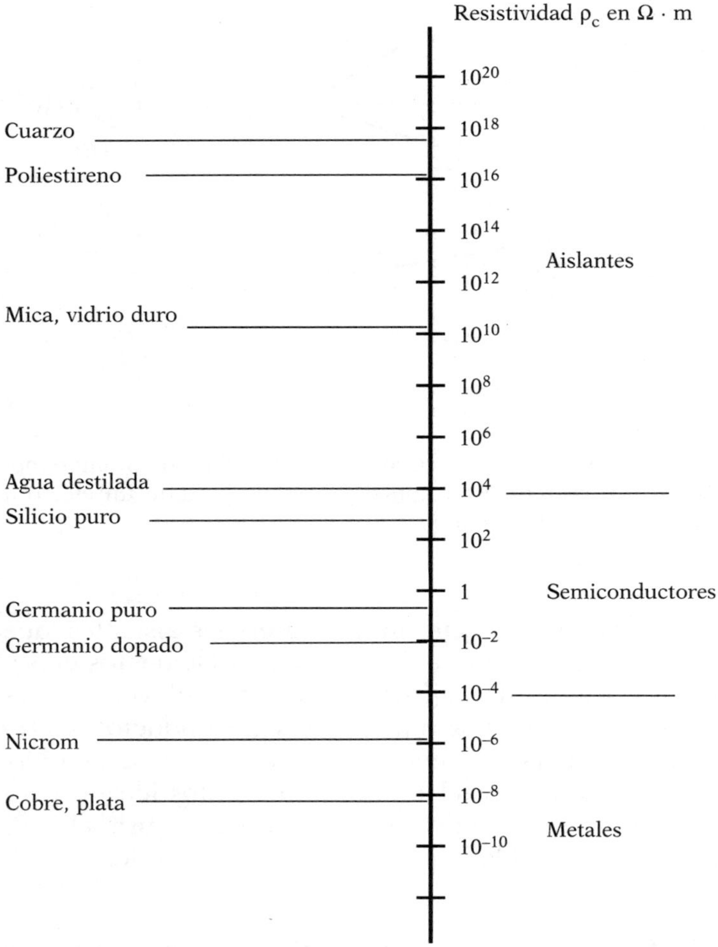

Figura 11.7. Resistividad de alguno de los metales, semiconductores y aislantes empleados en los dispositivos electrónicos. Adaptado de [4].

La teoría actual de conducción en semiconductores supone que, tanto los electrones (negativos), como los huecos (positivos) son partículas libres con valores específicos de concentración y movilidad. A mayor temperatura, los enlaces rotos crecen y, aunque las recombinaciones también lo hacen, el resultado neto es que la concentración de portadores aumenta. En los otros semiconductores ocurren fenómenos similares.

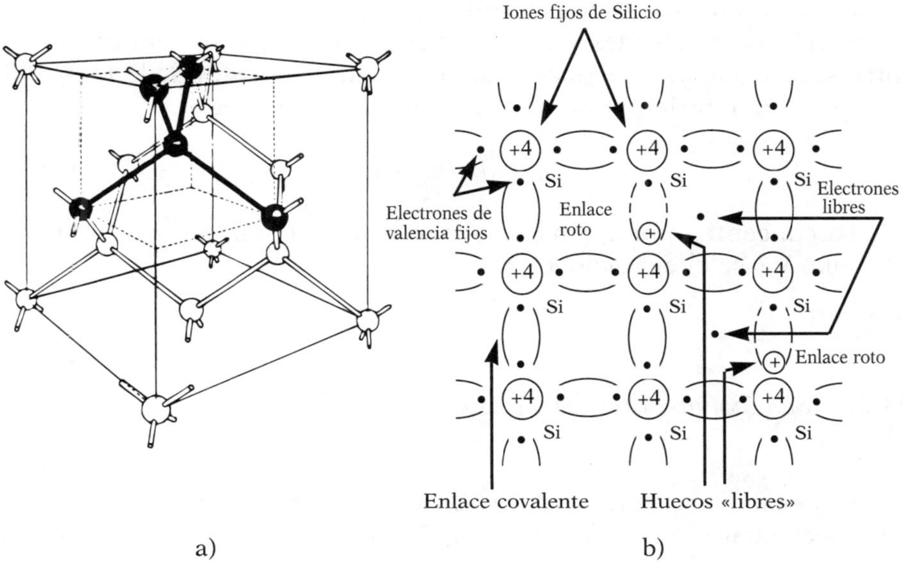

Figura 11.8. a) Cristal de Silicio puro o «intrínseco». Adaptada de [3].
b) Representación plana. Dos de los enlaces covalentes se han roto y han producido sendos electrones y huecos como portadores de carga negativa y positiva, respectivamente.

Aplicando un campo eléctrico E a un semiconductor, los electrones tienen un desplazamiento neto hacia el extremo positivo, como ocurría con el gas electrónico en los metales, mientras que los huecos se desplazan en sentido contrario. Sin embargo, debido a su distinto signo de carga, ambos tipos de partículas o «portadores», contribuyen a una corriente eléctrica del mismo sentido (por convenio, la de los huecos o portadores positivos).

La expresión de la densidad de corriente siguiente a (4.14) es ahora:

$$J = q\ (n\mu_n + p\mu_p)\ E \qquad (11.2)$$

donde p y μ_p son la concentración de huecos y su movilidad, respectivamente.

La conductividad (véase 4.15) es, por tanto:

$$\sigma = q\ (n\mu_n + p\mu_p) \qquad (11.3)$$

y puesto que la generación térmica por parejas obliga a que la concentración de electrones y huecos sea la misma en un semiconductor intrínseco ($p=n=n_i$ ó «concentración intrínseca»), se puede reescribir la expresión anterior, para la «conductividad intrínseca», σ_i, así:

$$\sigma_i = qn_i (\mu_n + \mu_p) \tag{11.4}$$

La concentración intrínseca depende de la temperatura y aumenta con ella. Véase el ejercicio 11.2.

11.2.3. *Semiconductores extrínsecos*

Los semiconductores usuales, Si, Ge y Ga, son tetravalentes, es decir, tienen cuatro electrones de valencia para efectuar los enlaces interatómicos. Se puede aumentar el número de electrones libres dopando el semiconductor puro con una cantidad controlada de átomos de un elemento pentavalente como el fósforo. Cada átomo de este elemento sustituye en la red cristalina a un átomo de semiconductor y el electrón de valencia sobrante queda libre. Un ligero dopado del orden de 1 átomo dopador por cada 10^6 a 10^8 átomos de silicio, no altera las propiedades físicoquímicas de éste pero modifica sustancialmente las eléctricas. A las temperaturas usuales, prácticamente todos los átomos pentavalentes están ionizados. Puede verse esta situación en la figura 11.9 a.

El semiconductor descrito se llama «tipo N» y a las impurezas pentavalentes, «donadoras». La concentración de huecos se reduce respecto a la del material puro, pues el exceso de electrones neutraliza muchos de ellos, de manera que su aportación a la conducción puede llegar a ser irrelevante.

Del mismo modo, la adición de un elemento trivalente, como el aluminio, sustituye en la red cirstalina átomos del semiconductor por átomos dopadores que no pueden aportar uno de los cuatro electrones de los enlaces, originando un hueco. A las temperaturas usuales, prácticamente todos los átomos intrusos originan un hueco. Los semiconductores así dopados se llaman «tipo P» y las impurezas trivalentes «aceptadoras». Véase en la figura 11.9 b la red cristalina de un semiconductor de este tipo. A veces coexisten los dos tipos de dopados, atribuyéndose el carácter N o P al cristal según predominen las impurezas dopadoras o aceptadoras respectivamente. Los semiconductores dopados se llaman «extrínsecos».

La «Ley de acción de masas», que no se demostrará (véase el capítulo 1 de [5]), exige en todo semiconductor dopado de cualquier tipo y grado que, en equilibrio térmico, se cumpla:

$$np = n_i \qquad (11.6)$$

Por otra parte, si N_D es la concentración de átomos donadores y N_A la de aceptadores, puesto que prácticamente todos ellos están ionizados y producen cargas fijas positivas y negativas respectivamente, la neutralidad eléctrica global del cuerpo semiconductor exige que se cumpla:

$$N_D + p = N_A + n \qquad (11.7)$$

En efecto. El primer término de la expresión anterior suma todas las cargas positivas (iones donadores fijos más huecos libres) por unidad de volumen. El segundo término suma las negativas (iones aceptadores fijos y electrones libres).

En un semiconductor con dopado tipo N exclusivamente, N_A es nula y puesto que $p \leq n$, la neutralidad eléctrica (11.7) obliga a que

$$n \approx N_D \qquad (11.8)$$

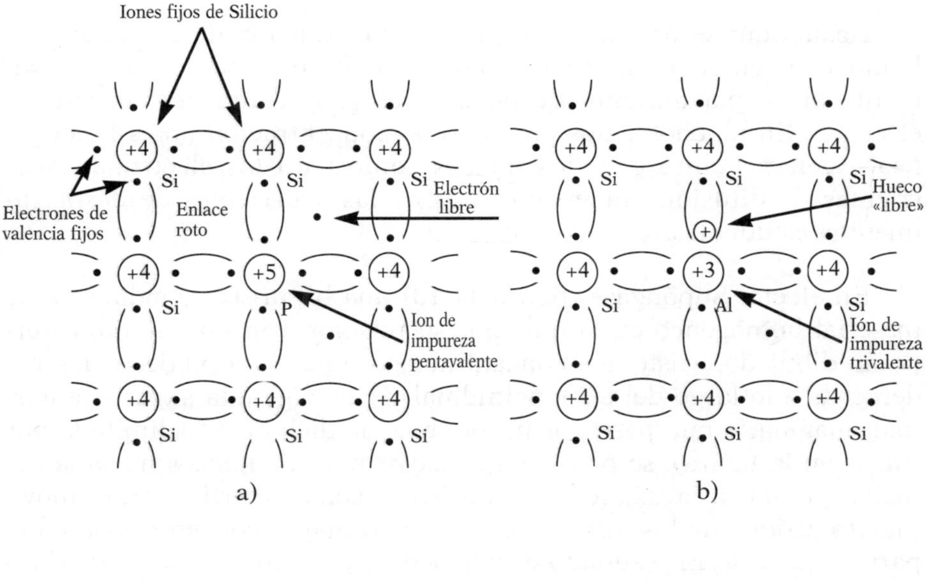

Figura 11.9. a) Cristal de Silicio tipo N o dopado con impurezas pentavalentes.
b) Cristal de Silicio tipo P o dopado con impurezas trivalentes.

y la ley de acción de masas (11.6) permite calcular la pequeña concentración de huecos

$$p = \frac{n_i^2}{N_D} \tag{11.9}$$

En un semiconductor con dopado tipo P exclusivamente, se tendrá, del mismo modo,

$$p \approx \mathrm{N_A} \tag{11.10}$$

y

$$p = \frac{n_i^2}{N_A} \tag{11.11}$$

Véase el ejercicio práctico 11-3.

11.3. Difusión

Hasta aquí se ha supuesto que la concentración de portadores es homogénea en el cristal y que la corriente eléctrica se debe exclusivamente al desplazamiento de portadores propiciado por un campo eléctrico. En muchos casos prácticos, la concentración no es homogénea y genera, tanto para los huecos como para los electrones, «corrientes de difusión» independientes de las «corrientes de desplazamiento» estudiadas.

En efecto. Supóngase (figura 11.10) una barra semiconductora de material homogéneo en la que, por su relación con un circuito externo no dibujado, existe una concentración de huecos $p(x)$ decreciente a derechas a lo largo del eje longitudinal. Si se elige una superficie normal imaginaria que pase por un punto x de dicho eje (delimitada por trazos en la figura), se produce un mayor paso de huecos hacia la derecha que hacia la izquierda a través de dicha superficie en el movimiento caótico de los mismos, debido a su mayor concentración en la parte izquierda. El resultado estadístico neto es una corriente de difusión hacia la derecha, siendo la densidad de dicha corriente J proporcional al gradiente o derivada de la concentración $\mathrm{d}p/\mathrm{d}x$. A la constante de proporcionalidad *D*, se le llama «constante de difusión de huecos»:

$$I_p = -qD_p\frac{dp}{dx} \tag{11.12}$$

donde el signo menos indica que la corriente se produce en el sentido de la derivada decreciente de concentración de huecos. Para los electrones ocurre lo mismo, omitiéndose el signo negativo porque la corriente eléctrica es opuesta a la de desplazamiento de estas cargas negativas:

$$I_n = qD_n\frac{dn}{dx} \tag{11.13}$$

siendo D_n la «constante de difusión de electrones».

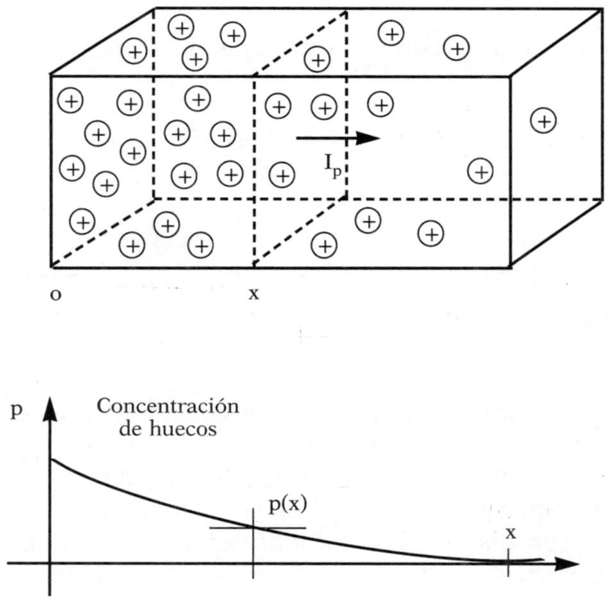

Figura 11.10. Barra semiconductora con concentración p de huecos variable según el eje x que propicia una «corriente de difusión», I_p, independiente del campo eléctrico. Se omite la fuente de huecos y el camino de cierre de la corriente.

Las constantes de difusión están relacionadas con las movilidades por la ecuación de Einstein:

$$\frac{D_p}{\mu_p} = \frac{D_n}{\mu_n} = V_T = \frac{k \cdot T}{q} \approx \frac{T}{11.600} \; V \; (=0{,}0259V \; a \; 300°\text{K}) \quad (11.14)$$

donde k es la constante de Boltzman, V_T la «tensión equivalente de la temperatura» y T la temperatura absoluta.

En los dispositivos semiconductores prácticos la difusión puede jugar un papel importante en el funcionamiento, como se verá en el transistor de unión. Cuando coexisten gradientes de potencial y de concentración en un semiconductor, la corriente total de huecos es la suma de la corriente de desplazamiento (expresión siguiente a la 4.14 particularizada para los huecos) y de la corriente de difusión (11.12)

$$J_p = pq\,\mu_p\,E - qD_p\frac{dp}{dx} \quad (11.15)$$

y, de la misma forma, la corriente total de electrones es:

$$J_n = nq\,\mu_n\,E + qD_n\frac{dn}{dx} \quad (11.16)$$

11.4. Diodo de unión PN

Si un cristal semiconductor se dopa con impurezas tipo P por un lado y con impurezas tipo N por otro, en la zona de unión de ambas regiones se producen fenómenos eléctricos muy distintos al del simple aumento de conductividad que conlleva el dopado unipolar. Como se va a ver, el nuevo dispositivo, llamado «diodo de unión», permite la conducción eléctrica en el sentido P → N y la dificulta en el sentido N → P.

En circuito abierto, es decir, con las zonas P y N no cerradas externamente por circuito alguno, se establece la situación descrita en la figura 11.11. En los alrededores de la unión, la diferencia de concentraciones de huecos, así como de electrones, origina una corriente de difusión que impele a los portadores mayoritarios de cada lado a pasar al otro. En consecuencia, una cierta «zona de transición», que engloba la unión, queda vaciada de cargas portadoras que neutralicen los iones dopadores y por tanto con carga eléctrica neta negativa en la zona P y positiva en la zona N. Así (ver cap. 1) se establece una cierta diferencia de potencial entre ambos lados de dicha zona de transición, llamada «potencial de unión» V_o.

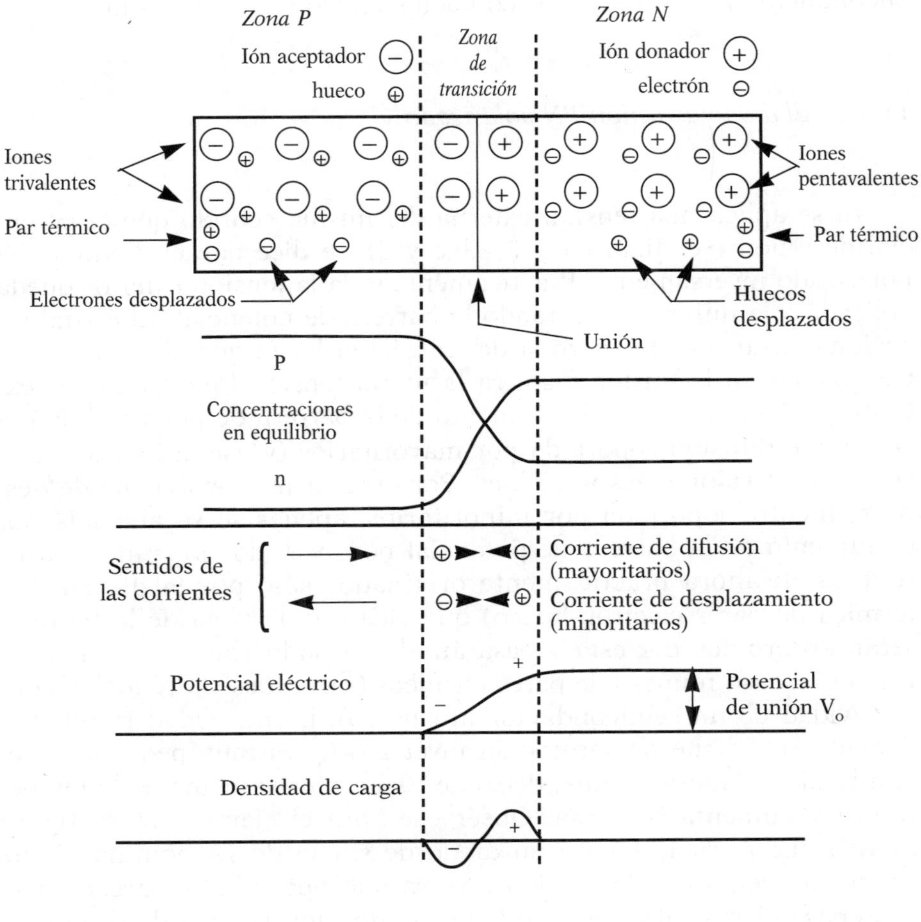

Figura 11.11. Diodo de unión en equilibrio (sin polarización externa). El desplazamiento de portadores en la vecindad de la unión deja una «zona de transición» cargada que crea un «potencial de unión».

A su vez, este potencial de unión frena la corriente de difusión (obsérvese que los huecos, por ejemplo, de la zona P deben remontar un potencial positivo) y origina una corriente de desplazamiento que impulsa a los minoritarios de cada zona a pasar a la otra. En la figura 11.11 se observa que esta corriente tiene sentido contrario a la de desplazamiento. La anchura de la zona de transición y el potencial de unión dejan de crecer y llega a valores estables cuando la corriente de desplazamiento compensa exactamente la de difusión. En los diodos prácticos, el potencial de unión es de algunas décimas de voltio. Este potencial no es directamente medible con un voltímetro porque queda compensado por los potenciales que también se establecen entre el semiconductor y el metal en los contactos realizados para medirlo.

11.4.1. *El diodo de unión PN polarizado*

Si se aplica una tensión externa del mismo sentido que el potencial de unión (ver figura 11.12 a,b,c y d), se dice que el diodo se ha polarizado inversamente. Prácticamente toda la tensión exterior queda aplicada a la unión, aumentando la barrera de potencial. El cristal reacciona ensanchando su zona de transición hasta que el aumento de cargas fijas en la misma justifica la nueva tensión forzada en sus extremos. A consecuencia del aumento de la barrera de potencial, la corriente de difusión soportada por mayoritarios (véase la figura 11.11) se reduce a valores despreciables. Por otra parte, la corriente de desplazamiento, soportada por minoritarios, apenas se ve afectada por el aumento de la barrera de potencial porque todos los minoritarios (que están ahora prácticamente originados sólo por la disociación térmica de pares electrón-hueco) que alcancen la zona de la barrera, serán absorbidos por ésta y pasarán al otro lado como mayoritarios. Dado el escaso número de pares térmicos (recuérdese la reducida conductividad de un semiconductor intrínseco), la intensidad resultante, llamada «corriente de saturación inversa», I_S, es muy pequeña y, según lo dicho anteriormente, depende casi exclusivamente de la temperatura y aumenta con ésta. Obsérvese para el ejemplo de la figura 11.12 i que I_S es 1μA para un diodo de silicio de 1A nominal y que apenas aumenta con la tensión inversa aplicada. Sin embargao, si se sobrepasa cierto valor de ésta, llamado «tensión inversa de ruptura»y que depende de las características físicas de la unión, el paso de minoritarios muy acelerados arranca nuevos pares al cristal, que a su vez incrementan la corriente inversa de saturación originando nuevos pares, etc. El proceso es regenerativo y puede llegar a destruirse el diodo por calentamiento en la zona de la unión donde comienza la «ruptura» o «avalancha». Véase en la figura 11.12.i que, a partir de 200 V de tensión inversa, pequeños incrementos de ésta ocasionan grandes incrementos de intensidad.

Si se aplica al diodo una tensión exterior de signo contrario a la del potencial de unión (ver figura 11.12 e, f, g y h) se dice que se ha polarizado directamente. Como se va a justificar, en estas condiciones el diodo apenas ofrece resistencia al paso de «corriente directa» y ésta debe ser limitada externamente (por medio de una resistencia en las figuras citadas). En efecto, la polarización exterior tiende a reducir la barrera de potencial de la unión, con lo que aumenta la corriente de difusión de mayoritarios y se convierte en la predominante. La corriente de desplazamiento de minoritarios se ve disminuida a valores irrelevantes. Prácticamente, el diodo sólo opone a la corriente directa una caída en la unión de pocas décimas de voltio (algo inferior a V_o) y una resistencia óhmica baja debida al cristal y a los contactos.

11.4.2. *Curva característica y modelo de gran señal. Circuitos equivalentes*

La física de semiconductores establece que la relación entre la tensión aplicada entre las zonas de la unión U_D (mayor que cero con la zona P positiva respecto de la zona N) y la intensidad I_D (positiva cuando entra por la zona P) es:

$$I_D = I_s\left(e^{U_D/\eta V_T} - 1\right) \qquad (11.17)$$

donde el parámetro η depende del semiconductor empleado y vale 2 para el Silicio.

En la figura 11.12 i, puede verse representada la curva característica práctica, que engloba las resistencias del cristal y de los contactos. Aplicando valores a 11.17 puede apreciarse (recuérdese que V_T=25 $m\ V$ para 300 K) que para U_D más negativa que 0,2 V, I_D es prácticamente igual a $-I_S$. Para U_D igual a 35 mV, I_D=I_S y con U_D igual al potencial de unión 0,7 V, I_D sería $10^6\ I_S$.

Con polarización inversa, el diodo se comporta, por tanto, como una fuente de intensidad $-I_S$ que, además, es dependiente de la temperatura. En el Silicio, I_S se duplica cada 10°C de aumento de temperatura. Puede verse el circuito equivalente en la figura 11.12 c, muy exacto aún con grandes variaciones de la tensión.

Con polarización directa y superados unos 0,6 *V*, un diodo de Silicio equivale a una pila de 0,6 *V* y una resistencia de bajo valor en serie. Para un diodo de 1*A* nominal, dicha resistencia es del orden de 0,2 Ω. Véase la figura 11.12 g.

En la práctica, un diodo de silicio inversamente polarizado puede suponerse un circuito abierto en muchas aplicaciones, como circuitos digitales y fuentes de alimentación. Un diodo directamente polarizado, si está aplicado en circuitos que manejan más de 10 *V*, tales como muchos de los circuitos CMOS y fuentes de alimentación, puede suponerse, con inferior grado de idealidad, un cortocircuito.

El paso de la situación de polarización inversa, o «corte», a la de polarización directa, o «conducción», en un diodo no es instantáneo. En estado de corte la unión presenta un comportamiento en parte capacitivo, pues el variar la tensión inversa aplicada, la zona de transición, como se vió, cambia su anchura y la carga espacial a ella asociada. El efecto puede modelizarse mediante una «capacidad de transición C_T», en paralelo, que se opone a los cambios rápidos de tensión entre sus extremos.

También en estado de conducción se dan fenómenos que tienden a retrasar los cambios de la tensión entre los extremos del diodo respecto de los cambios de corriente. La difusión de portadores, que es el fenómeno de conducción principal en este caso, requiere cierto tiempo para adaptar la distribución de cargas, y por tanto de tensión, a los cambios de corriente. El efecto se modeliza asociando en paralelo con la unión una «capacidad de difusión, C_D». La capacidad C_D suele ser bastante superior a C_T. Recuérdese que en un condensador los cambios de tensión están retrasados respecto de los de corriente. Estas capacidades se consideran «parásitas» o indeseables y deben ser pequeñas en diodos aplicados a circuitos lógicos rápidos.

El tamaño de la pastilla semiconductora donde se realiza la unión varía con la intensidad nominal, que depende a su vez de la aplicación de destino. Su encapsulado resulta, asimismo, muy variado. Véase la figura 11.13. La mayoría de los diodos usados en los equipos informáticos están incluídos dentro de los circuitos integrados.

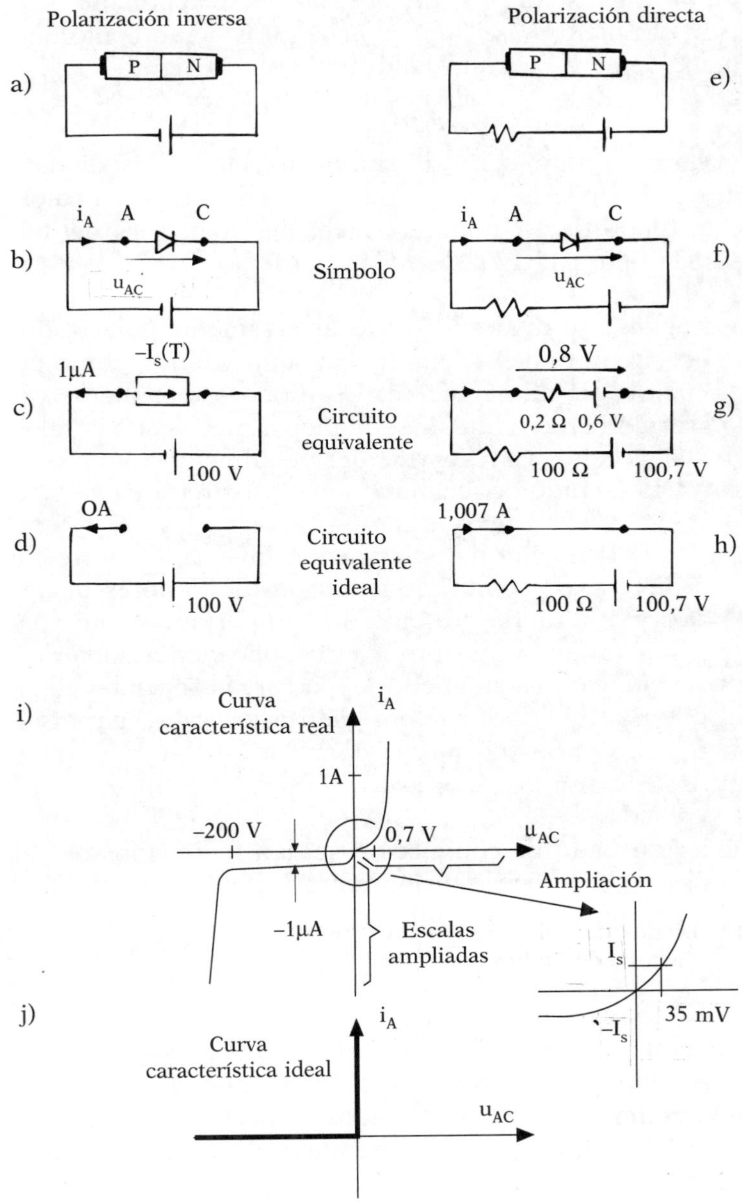

Figura 11.12. Diodo de unión inversa (a, b, c, d) y directamente (e, f, g, h) polarizado. Los valores asignados a los circuitos equivalentes suponen que se trata de un diodo de silicio de 1 A y 200 V nominales como el 1N4003.

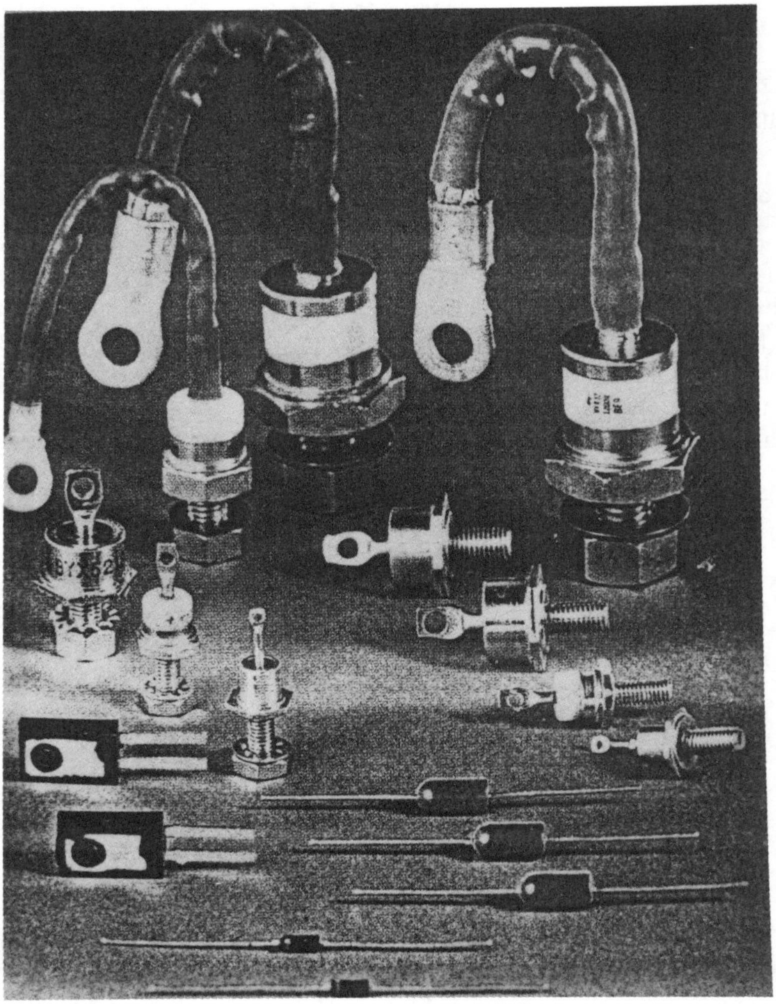

Figura 11.13. Diodos de unión PN en diversos tamaños y tipos de encapsulado. Cortesía de Philips.

11.5. Diodo zener

Es un diodo especialmente diseñado para que el efecto de ruptura por avalancha se produzca a baja tensión (normalmente entre 3 *V* y 25 *V*) y en toda el área de la unión al mismo tiempo. Lo primero se consigue dopando una de las zonas mucho más que la otra, con lo que la zona de carga espacial se estrecha muchísimo y el campo eléctrico acelerador de los minoritarios se eleva aún con baja tensión de polarización inversa. Lo segundo exige una gran uniformidad en estructura cristalina y dopado.

La curva característica presenta una zona casi vertical en la región de polarización inversa que es la que normalmente utiliza este tipo de diodo. En tales circunstancias, el circuito equivalente es una pila de tensión V_Z y una pequeña resistencia en serie r_Z. Véase la figura por el diodo. En tales circunstancias, el circuito equivalente es una pila de tensión V_Z y una pequeña resistencia en serie. Véase la figura 11.14. En conducción directa y en bloqueo, los circuitos equivalentes son iguales a los del diodo normal, salvo en que la caída de tensión de umbral de conducción es de 1 *V* para el Silicio, en lugar de 0,7 *V*.

El diodo zener se usa para realizar estabilizadores y limitadores de tensión.

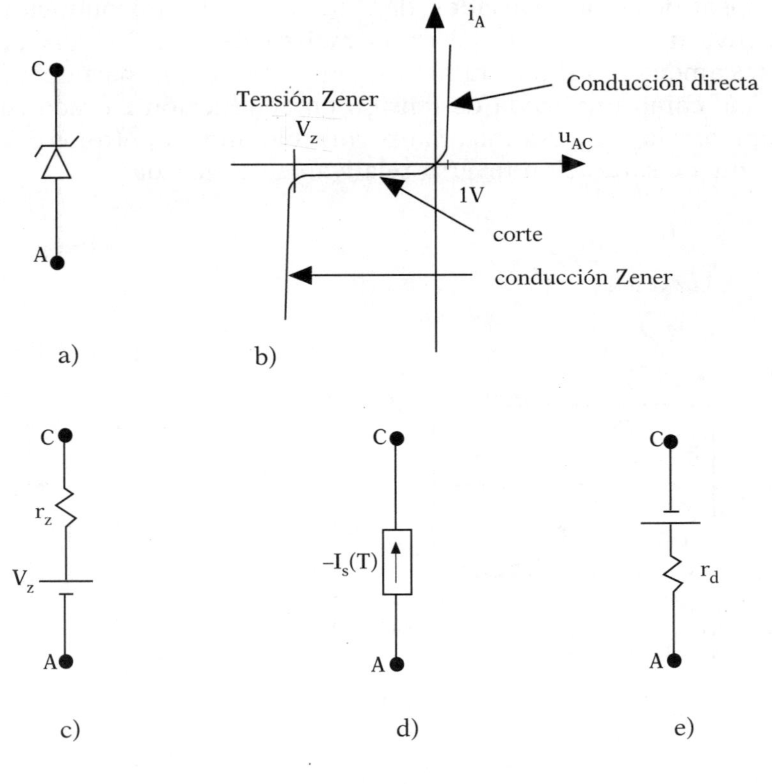

Figura 11.14. Diodo zener. a) Símbolo; b) Carterística u-i: c) Equivalente en conducción zener; d) Equivalente en estado de corte; e) Equivalente en conducción directa.

11.6. Diodo fotoemisor

Otro diodo especial es el fotoemisor. Cuando un electrón libre se recombina con un hueco se libera energía térmica y fotones. En los diodos de Silicio y Germanio la luz emitida es insignificante, pero empleando fosfuro de Galio (PGa) o fosfuro arseniuro de Galio (PAsGa), el porcentaje de energía luminosa emitida en forma de fotones es apreciable y pueden construirse diodos prácticos emisores de luz para múltiples aplicaciones. Entre ellas están diversos indicadores luminosos como los dígitos de siete barras de algunas calculadoras y los acopladores ópticos. Estos consisten en un diodo luminoso cuya luz incide en un componente electrónico fotosensible (que varía alguna característica al recibir luz) tal como un transistor fotosensible.

En la figura 11.15 se ilustra el mecanismo de producción de fotones en este proceso llamado «electroluminiscencia». Existen diodos luminosos de colores variados, dependiendo del semiconductor empleado, investigándose hoy día en la mejora de su eficiencia lumínica. Eléctricamente, el diodo luminoso presenta alguna particularidad específica, como una caída de tensión en conducción elevada (unos 2,5 *V*), una tensión inversa máxima permisible muy baja (unos 5 *V*) y una corriente de saturación inversa relativamente elevada.

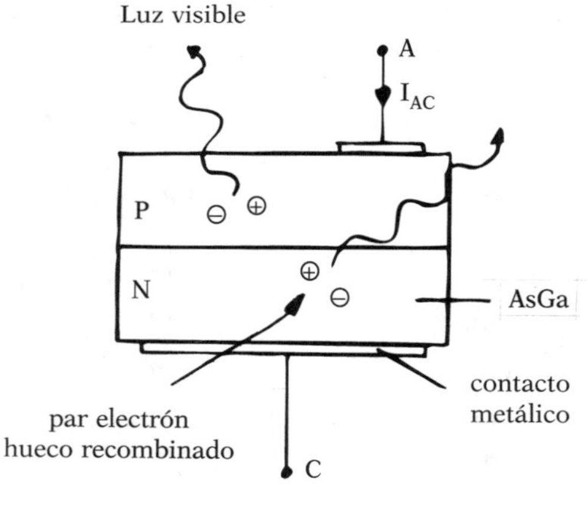

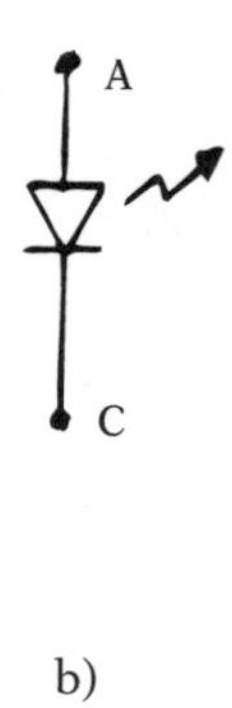

Figura 11.15. Diodo luminoso. a) mecanismo de producción de fotones por recombinación de pares electrón-hueco; b) Símbolo.

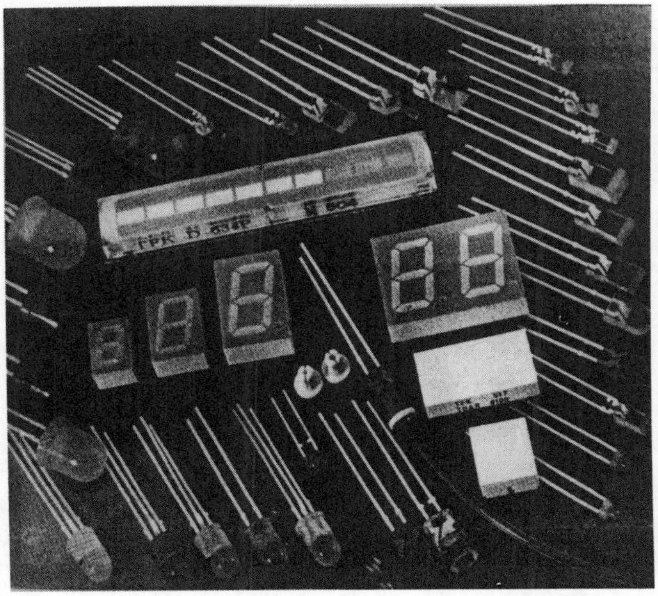

Figura 11.16. Diodos luminosos en diversos formatos. Cortesía de Telefunken.

REFERENCIAS

[1] W. SHOCKLEY, «The path to the conception of the juntion transistor», *IEEE Trans. on Electronic Devices*, Vol. ED-33, N.° 7, julio 1976.

[2] J.S. KILBY, «Invention of the Integrated Circuit», *IEEE Trans. on Electron Devices*, Vol. ED-23, N.° 7, julio 1976.

[3] E.A. PUENTE y P.M. MARTÍNEZ, *ELECTRONICA (Ingeniería Industrial)*, UNED, Madrid 1976.

[4] R.A. GREINER, *Semiconductor Devices and Applications*, Mc Graw Hill, 1961.

[5] J. MILLMAN y A. GRABEL, *Microelectrónica*, Ed. Hispano Europea, 6.ª Edición.

EJERCICIO 11-1

Un conductor metálico que une un determinado punto del interior de un circuito integrado con una de sus patillas tiene una sección de 0,001 mm^2 y una longitud de 5 mm. La concentración de electrones *n* es de $5 \cdot 10^{21}$ cm^{-3} y su movilidad μ de 500 cm^2/V.s. Calcular la resistencia R del mismo y la caída de potencial V entre sus extremos cuando circula una corriente I de 10 m A.

Solución

La resistividad del material es, usando el SI de medidas:

$$\rho_c = \frac{1}{\sigma} = \frac{1}{\rho\,\mu} = \frac{1}{n\,q\,\mu} =$$

$$= \frac{1}{5 \cdot 10^{21} \cdot 10^{6} m^{-3} \text{ x } 1{,}6 \cdot 10^{-19} C \text{ x } 500 \cdot 10^{-4} m^2/Vs}$$

$$\rho_c = 2{,}5 \cdot 10^{-9}\, \Omega m$$

La resistencia del conductor, supuesta sección constante, es:

$$R = \rho_c \frac{l}{S} = 2,5 \cdot 10^{-9}\, \Omega m \frac{5 \cdot 10^{-3}\, m}{0,001 \cdot 10^{-6}\, m^2} =$$

$$= 12,5 \cdot 10^{-3}\, \Omega = 12,5\, m\Omega$$

La caída de potencial con una intensidad de 10 mA es, aplicando la ley de Ohm:

$$V = R \cdot I = 12,5 \cdot 10^{-3}\, \Omega \cdot 10 \cdot 10^{-3} A = 125 \cdot 10^{-6} V = 123\, \mu V$$

Dado que las tensiones que se manejan en los circuitos integrados están entre décimas y la decena de voltios, la caída de tensión hallada no supone un error apreciable para la mayoría de las aplicaciones.

EJERCICIO 11-2

Una zona de silicio intrínseco de un circuito integrado, utilizada como resistencia, tiene forma de barra con 2 mm de longitud y una sección rectangular de 2.500 x 10.000 micras. Calcular su resistencia a 300 K sabiendo que:

μ_n = 1500 $cm^2/(V \cdot s)$
μ_p = 475 $cm^2/(V \cdot s)$
n_i = 1,45 · 10^{10} cm^{-3}

Solución

Mediante la expresión 11.4 se tiene, usando el SI de medidas:

$$\sigma_i = qn_i\,(\mu_n+\mu_p) = 1.6 \cdot 10^{-19}\, C \cdot 1,45 \cdot 10^{10} \cdot 10^{6}\, m^{-3}(1.500+475) \cdot 10^{-4}\, m^2/(V \cdot s) =$$

$$= 4,582 \cdot 10^{-4} (\Omega m)^{-1}$$

Y aplicando la expresión 4.17,

$$R = \frac{1}{\sigma_i} \cdot \frac{l}{S} = \frac{1}{4{,}582 \cdot 10^{-4} (\Omega m)^{-1}} \cdot \frac{2 \cdot 10^{-3}}{2.500 \cdot 10^{-6} m \cdot 10.000 \cdot 10^{-6} m} =$$

$$= 1{,}746 \cdot 10^{5} \Omega = 174{,}6 k\Omega$$

EJERCICIO 11-3

Una zona de silicio extrínseco con dopado tipo N de un circuito integrado, utilizada como resistencia, tiene forma de barra con 2 mm de longitud y una sección rectangular de 2.500 x 10.000 micras. Calcular su resistencia a 300 K sabiendo que:

$$N_D = 5 \cdot 10^{13}\ cm^{-3}$$

$$\mu_n = 1.500\ cm^2/V \cdot s$$

Solución

Puesto que p<<n, el aporte de los huecos a la conducción es despreciable y, de la ecuación 11.3, resulta:

$$\sigma = qn\mu_n$$

Por otra parte, la ecuación 11.8 pemite conocer la concentración de electrones

$$n \approx N_D = 5 \cdot 10^{13}\ cm^{-3}$$

con lo que,

$$\sigma = 1{,}6 \cdot 10^{-19}\ C \times 5 \cdot 10^{13} \cdot 10^{6}\ m^{-3} \times 1.500 \cdot 10^{-4}\ m^2/V \cdot s = 1{,}2 (\Omega m)^{-1}$$

Aplicando la expresión 4.17,

$$R = \frac{1}{\sigma_i} \cdot \frac{l}{S} = \frac{1}{1{,}2(\Omega m)^{-1}} \cdot \frac{2 \cdot 10^{-3} m}{2.500 \cdot 10^{-6} m \text{ x } 10.000 \cdot 10^{-6} m} = 66{,}67\Omega$$

Obsérvese que la zona de silicio en cuestión tiene las mismas dimensiones que la del ejercicio 11.2 y que su resistencia se ha reducido extraordinariamente por el dopado, que supone la sustitución de sólo un átomo de Silicio por cada 10 millones.

Comprobemos que es lícito despreciar la conducción soportada por los huecos. Su concentración sería, según 11.9, y sabiendo que n_i (300 K) = $1{,}45 \cdot 10^{10}$ cm^{-3}.

$$p = \frac{n_i}{N_D} = \frac{(1{,}45 \cdot 10^{10} \cdot 10^6 m^{-3})^2}{5 \cdot 10^{13} \cdot 10^6 m^{-3}} = 4{,}205 \cdot 10^{12} m^{-3}$$

con lo que el segundo término de 11.3 sería, sabiendo que μ_p (300 K) = 475 $cm^2/(V \cdot s)$:

$$qp\,\mu_p = 1{,}6 \cdot 10^{-19}C \text{ x } 4{,}205 \cdot 10^{12} m^{-3} \text{ x } 475 \cdot 10^{-4} m^2/(V \cdot s) =$$

$$= 3{,}196 \cdot 10^{-8} (\Omega m)^{-1}$$

que es 37,5 millones de veces inferior a la conductividad de 1,2 $(\Omega m)^{-1}$ aportada por los huecos y, por lo tanto, despreciable.

EJERCICIO 11-4

Un diodo luminoso se alimenta con una pila de 10 V y una resistencia limitadora de 1kΩ, como se ve en la figura 11.17 a) El diodo tiene una tensión de umbral de conducción de 1,5 V y una resistencia equivalente serie de 200 Ω. Calcular la caída de tensión entre ánodo y cátodo usando el circuito equivalente de la figura 11.12 g.

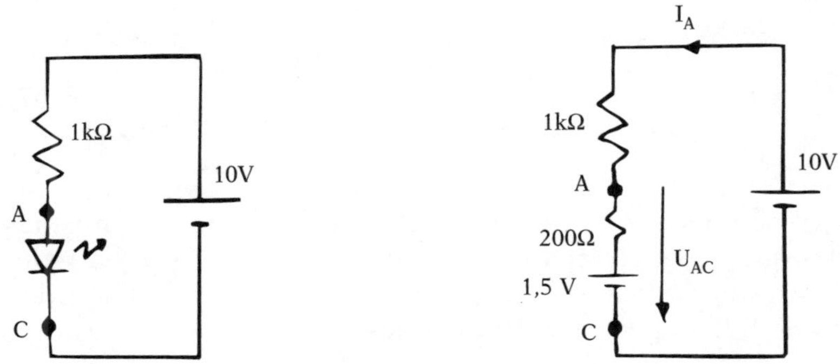

Figura 11.17

Solución

La pila equivalente de la unión en el circuito de la figura 11.12 g, es de 1,5 V y la resistencia de 200 Ω. Por tanto, el circuito total aparece detallado en la figura 11.b. Aplicando la segunda ley de Kirchhoff al mismo, se tiene que circulará una corriente

$$I_{AC} = \frac{10V - 1{,}5V}{200\Omega + 1k\Omega} = 7{,}08\,mA$$

La caída de tensión entre los terminales del diodo es igual a la suma de su tensión de umbral más la caída de tensión en la resistencia interna de 200 Ω, es decir

$$U_{AC} = 1{,}5V + 200\Omega \cdot 7{,}08\text{ mA} = 2{,}916\text{ V}$$

CAPÍTULO 12

Objetivos

Generales

Estudio del transistor, componente básico electrónico, a través de su constitución física, curvas de funcionamiento y modelo de funcionamiento en circuitos.

Específicos

- Principio de funcionamiento del transistor bipolar, estructura interna y símbolo.
- Principio de funcionamiento del transistor metal-óxido semiconductor de efecto de campo.
- Convenio de notación.
- Descripción de una fuente dependiente ideal de corriente
- Curvas de salida del transistor bipolar y del MOSFET.
- Modelos de gran señal: circuito abierto, cortocircuito o resistencia y fuente de corriente dependiente.
- Sistemática de análisis en gran señal: hipótesis, verificación y análisis del circuito lineal.
- El transistor en conmutación: inversor digital.
- Inversores bipolar, NMOS, y CMOS.
- Familias lógicas.

CAPÍTULO 12

Objetivos

Generales

Específicos

12. TRANSISTORES

12.1. Principio de funcionamiento.

12.1.1. Introducción

El transistor, componente electrónico de tres terminales, es el principal dispositivo semiconductor utilizado en amplificación de señales y en circuitos digitales. En los primeros se persigue elevar el valor de tensión, de corriente o de potencia de la señal de entrada, mientras en los segundos se procesa información binaria, es decir, señales con dos valores posibles de tensión.

El objetivo de este capítulo es describir el funcionamiento del transistor y tratar a este componente electrónico como un elemento del circuito. El desarrollo de sus características tensión-corriente y del circuito equivalente se basa en los correspondientes conceptos vistos en el capítulo anterior para el diodo.

Básicamente existen dos tipos de transistores: BJT (transistor de unión bipolar: dos uniones p-n) y FET (transistor de efecto de campo). El primero de ellos, dependiendo de cual sea el material semiconductor común de las uniones, se puede subdividir en (p-n-p) y (n-p-n). En el segundo se distinguen JFET (de unión) y MOSFET (metal-óxido semiconductor), que a su vez pueden subdividirse en componentes con canal n (JFET canal n y NMOS) o canal p (JFET canal p y PMOS).

Los MOSFETs tienen la ventaja de ser de fabricación más simple y de ocupar menos espacio en un circuito integrado que los bipolares, pudiéndose disponer hasta más de 100.000 componentes en un único circuito integrado (CI en abreviatura). Otra característica muy interesante es la de poder ser usados como resistencias o condensadores, lo cual permite un proceso de fabricación más sencillo de un CI complejo.

12.1.2. *Estructura interna*

Los dos tipos de transistor bipolar, así como sus símbolos, se pueden observar en las figs. 12.1 y 12.2, respectivamente. Las tres zonas de material semiconductor se denominan zona de emisor, zona de colector y zona de base, llevando asociados sus terminales respectivos E, C y B.

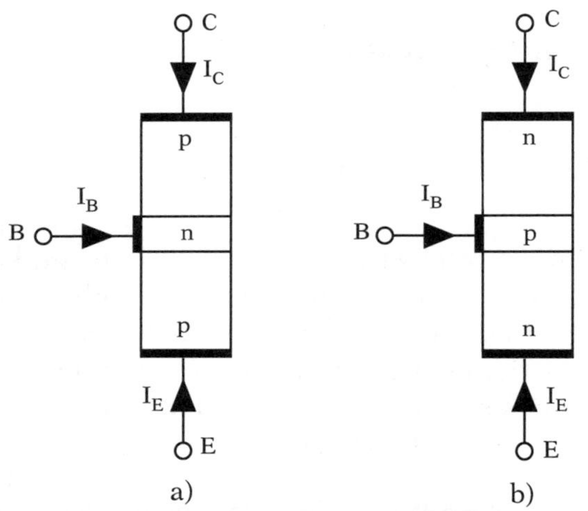

Figura 12.1. Transistor bipolar: (a) pnp (b) npn.

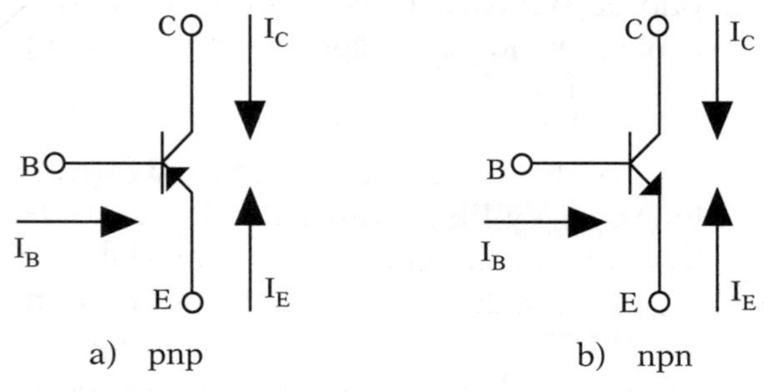

Figura 12.2. Símbolo electrónico del transistor: (a) pnp. (b) npn.

Por el terminal de emisor (E) entra un flujo de portadores que, circulando a través de la zona de base (B), alcanza en su mayor parte el terminal de colector (C). Ese flujo está compuesto básicamente por huecos en el caso del transistor pnp y por electrones en el npn. El sentido de la corriente, si se trata de huecos, coincide con el sentido del movimiento de estos portadores, y ello se plasma mediante la flecha que aparece en el símbolo sobre el emisor. En el caso de electrones (transistor npn) la corriente va en sentido contrario (fig. 12.2b).

La estructura que aparece en la fig. 12.1 tiene que ver poco con la real de un transistor npn de circuito integrado descrita en la fig. 12.3. El superíndice «+» indica zona de alto dopado.

La corriente de emisor es controlada en mayor o menor medida, dependiendo del punto de las curvas de tensión y corriente en que se esté trabajando, por la corriente de base.

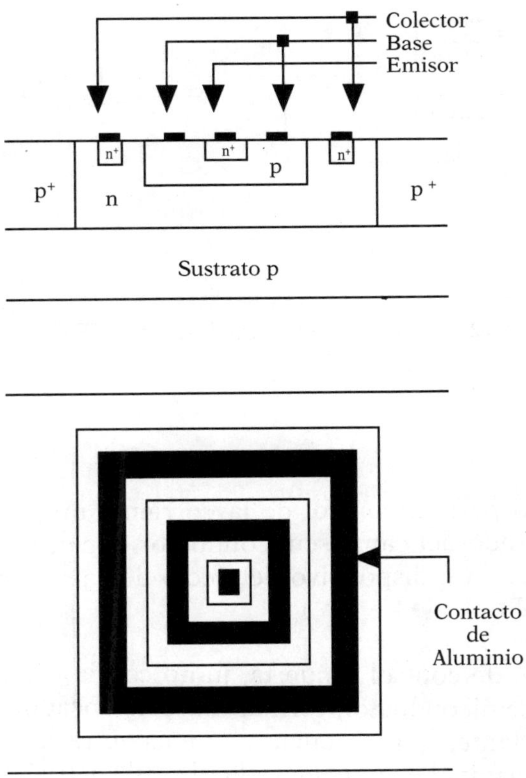

Figura 12.3. Estructura de un transistor npn integrado.

En los transistores FET los terminales se denominan fuente (F o S), drenaje (D) y puerta (G o P).

En un JFET, al aplicar una tensión entre drenaje y fuente, el flujo de portadores que penetra por el terminal fuente, huecos en canal p y electrones en canal n, llega en su totalidad al drenaje. El valor de esa corriente puede ser controlada mediante el campo eléctrico que aparece en la unión puerta-fuente al ser polarizada inversamente.

Si en un JFET canal n, fig. 12.4, se polarizara directamente la unión pn formada por puerta y fuente, la corriente resultante entraría por el primer terminal, de ahí el sentido de la flecha que aparece en su símbolo electrónico.

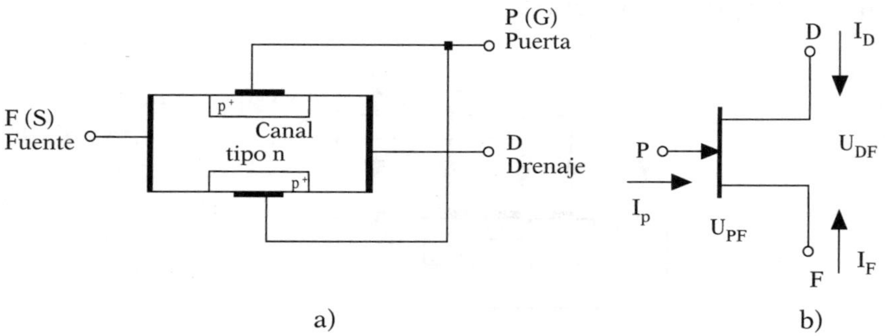

Figura 12.4. Estructura y símbolo de un JFET de canal n.

Empleando para el control de la corriente un terminal de puerta metálico, separado del canal semiconductor por una capa de óxido de silicio, se obtiene un dispositivo de efecto de campo básicamente distinto (MOSFET).

El terminal de control o puerta, junto con la capa aislante de óxido y el canal semiconductor, forman un condensador plano. Debido a dicha capa aislante, la resistencia que encuentra la corriente para su paso por ese terminal es muy elevada, de 10^{10} a $10^{15}\Omega$.

Además de la división en MOSFET canal n y canal p, se puede plantear otra clasificación: MOSFET de deplexión y MOSFET de acumulación. En el primero puede circular corriente entre fuente y drenaje sin conectar tensión al terminal de puerta, mientras que en el segundo es necesario aplicar una tensión, denominada de umbral, U_T, para que empiece a existir dicha circulación de corriente.

La estructura de ambos MOSFET, uno en versión canal p y otro canal n, así como sus símbolos, pueden observarse en las figs. 12.5 y 12.6, respectivamente. En ambas figuras se representan dos símbolos de circuitos MOSFET, el primero de cada una de ellas sólo es válido para su tipo correspondiente mientras que, como se puede observar, el segundo es de uso para los dos tipos. En este último símbolo, si no se indica la conexión del sustrato se supondrá que está conectado con el terminal de fuente o unido a la tensión de alimentación o a masa (0V). Esta conexión polariza en modo inverso las uniones pn formadas por las regiones de drenaje y fuente con el sustrato.

En la fig. 12.5a, si se polariza directamente la unión formada por fuente y sustrato, la corriente fluirá desde la fuente al sustrato. Ello se manifiesta con el sentido de la flecha que aparece en el símbolo correspondiente izquierdo, sirviendo para distinguir ambos tipos de canal. En la fig. 12.6b el sentido de la flecha indica que el flujo de portadores entra por el terminal fuente, y al estar compuesto por electrones la corriente es saliente por dicho terminal.

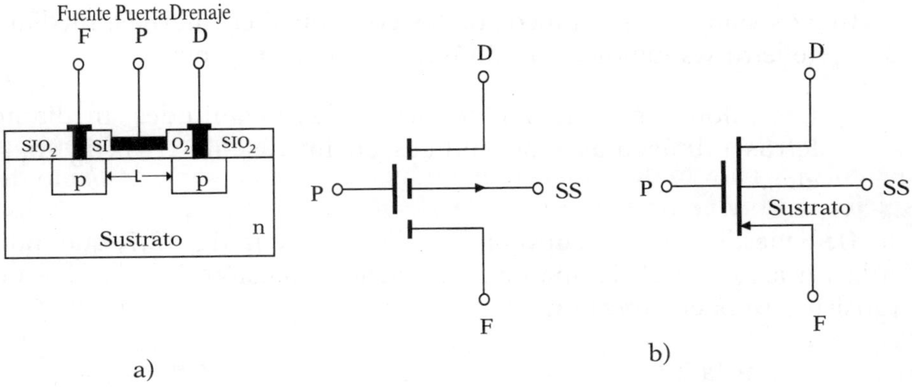

Figura 12.5. MOSFET: (a) PMOS de acumulación; (b) símbolos.

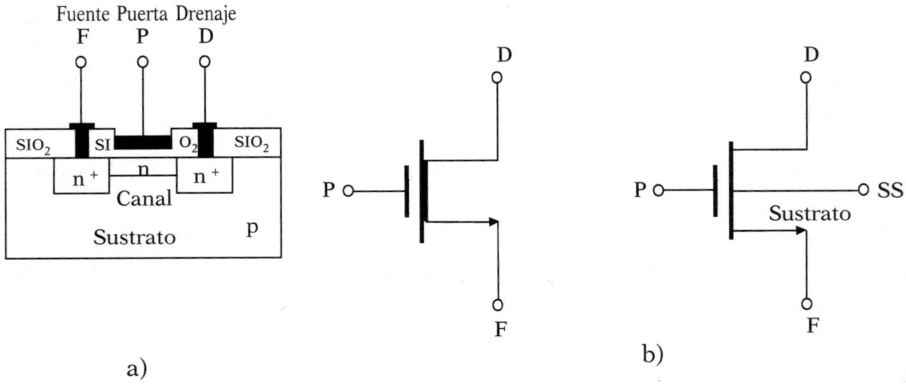

Figura 12.6. MOSFET: (a) NMOS de deplexión; (b) símbolos.

12.1.3. *Convenio de notación*

Los valores de las magnitudes relacionadas con el funcionamiento del transistor (tensiones y corrientes) son en general suma de dos términos: uno fijo de continua correspondiente al punto de trabajo del transistor, y otro variable correspondiente con la señal a amplificar. Para evitar confusiones se adopta el siguiente convenio:

a) Las componentes continuas se designarán con letras mayusculas y subíndice en mayúsculas. Ej.: $\mathbf{I_B}$, $\mathbf{U_{DF}}$, etc...

b) Los valores instantáneos de las componentes alternas, mediante letra y subíndice en minúsculas. Ej.: $\mathbf{i_c}$, $\mathbf{u_{ce}}$, etc...

c) Los valores instantáneos totales de las magnitudes, mediante letras minúsculas y subíndices en mayúsculas. Ej.: $\mathbf{i_B}$, $\mathbf{u_{PF}}$, etc...

De acuerdo con este convenio, y a la vista de la fig. 12.7, que indica la variación en el tiempo de la corriente y tensión de salida de un transistor, se puede escribir:

$$i_B = \mathrm{I_B} + \mathrm{i_b}; \qquad i_C = \mathrm{I_C} + \mathrm{i_c}; \qquad u_{CE} = \mathrm{U_{CE}} + \mathrm{u_{ce}}$$

Estas expresiones no indican otra cosa sino que el valor instantáneo de cualquier magnitud es la suma de su componente continua (valor medio) y el valor, en ese instante, de la componente alterna.

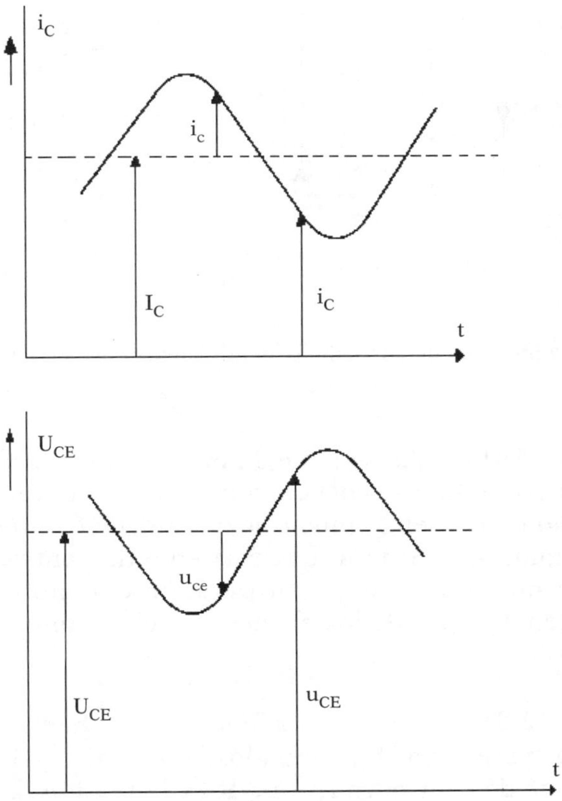

Figura 12.7. Ejemplo gráfico del convenio de notación.

2.1.4. *Fuente dependiente ideal de corriente*

La fuente dependiente ideal de corriente, a utilizar en el análisis de circuitos con transistores, posee tres terminales diferentes aunque uno de ellos es común a la entrada y a la salida, tanto si es función de una corriente como de una tensión (fig. 12.8). El par de terminales de entrada (1-3) suministran la variable de control $\mathbf{x_A}$ y una fuente de intensidad $\mathbf{Ax_A}$ actúa en los terminales de salida (2-3). El término **A** se denomina **ganancia de corriente** o **transconductancia**, según que la variable de control sea corriente o tensión, respectivamente.

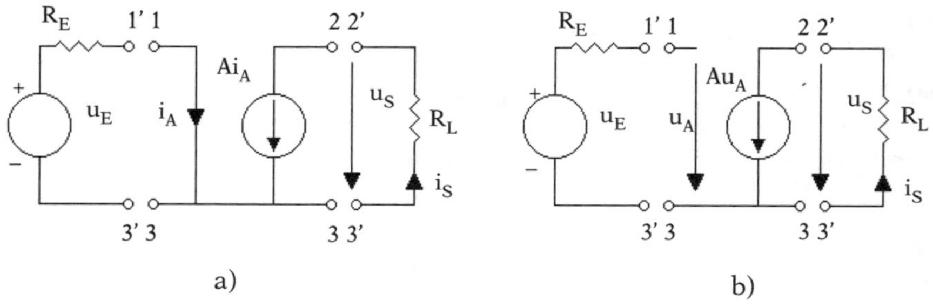

Figura 12.8. Fuente ideal de corriente dependiente: (a) de corriente; (b) de tensión.

A través de la fig. 12.8 se pone en evidencia que las variaciones de $\mathbf{x_A}$ impuestas por lo que se conecte a la entrada, se transmiten a la salida por medio de la fuente, mientras que lo que se conecte en los terminales de salida no afectará a la corriente de control. Este proceso unilateral permite que aquellas partes de un circuito dispuestas en la entrada queden aisladas de los elementos del circuito conectados a la salida.

En la fig. 12.8a se conecta en la entrada una fuente de señal $\mathbf{u_E}$ en serie con una resistencia $\mathbf{R_E}$, situándose una resistencia $\mathbf{R_L}$ en la salida. La corriente de control es $\mathbf{i_A} = \mathbf{u_E}/\mathbf{R_E}$ y la tensión de salida

$$u_s = -Ai_A R_L = -A\frac{R_L}{R_E}u_E \qquad (12.2)$$

En esta ecuación se observa que cuando $\mathbf{AR_L/R_e}>1$ entonces $|\mathbf{u_S}|>|\mathbf{u_E}|$ y se obtiene amplificación de tensión. Además si **A>1**, como normalmente es el caso, se consigue también ganancia de corriente ya que la de salida es mayor que la de entrada. También es cierto que la potencia disipada en $\mathbf{R_L}$ es mayor que la suministrada por $\mathbf{u_E}$. De ello se deduce que la potencia necesaria para el control es menor que el conjunto de la potencia gobernada. Esto, junto con la propiedad unilateral, permite gobernar la fuente dependiente como un interruptor.

Para mostrar el funcionamiento como interruptor, considérense las curvas corriente-tensión de la fig. 12.9b junto con el circuito de la fig. 12.10a donde la fuente de corriente es dependiente de corriente (fig. 12.8a).

Aplicando la primera ley de Kirchhoff a la malla de salida se obtiene la ecuación $\mathbf{u_S = U_{cc} - R_L i_S}$, denominada recta de carga del circuito, que tiene como puntos de corte con los ejes a $\mathbf{Q_3}$ y $\mathbf{Q_1}$. La señal de tensión de entrada está representada en la fig. 12.10b y la de corriente en la fig. 12.9a, de lo cual se deduce que para $\mathbf{t<T_1}$ la corriente de salida es cero ($\mathbf{Q_1}$) mientras que para $\mathbf{t \geq T_1}$ resulta un valor de 400 mA ($\mathbf{Q_3}$).

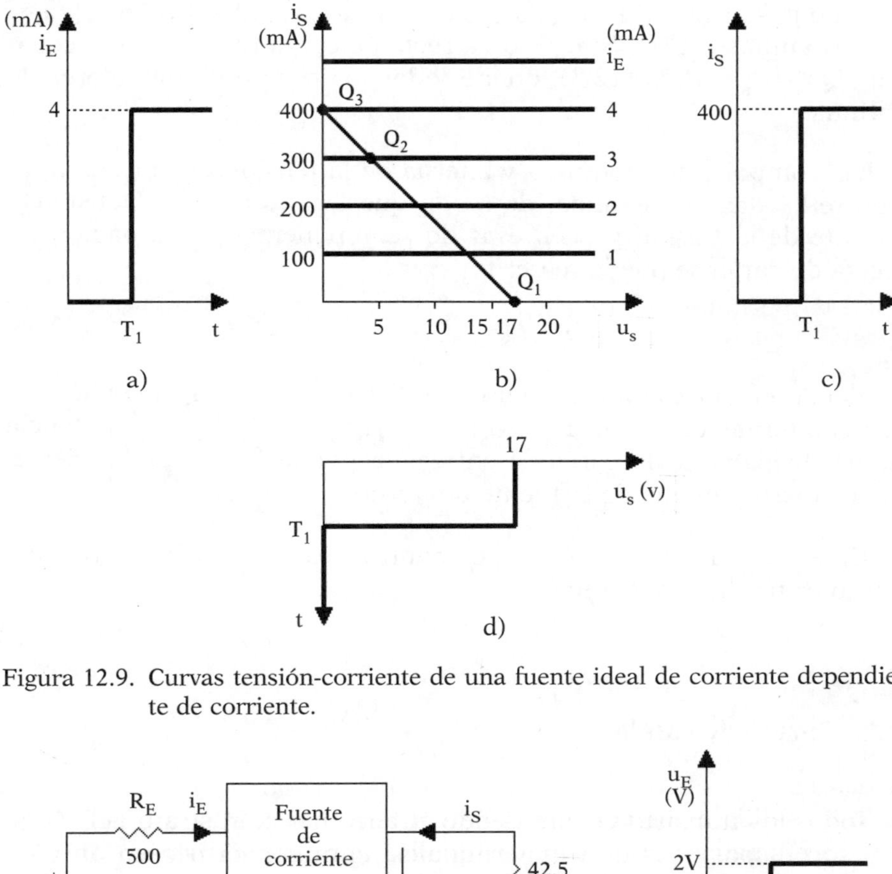

Figura 12.9. Curvas tensión-corriente de una fuente ideal de corriente dependiente de corriente.

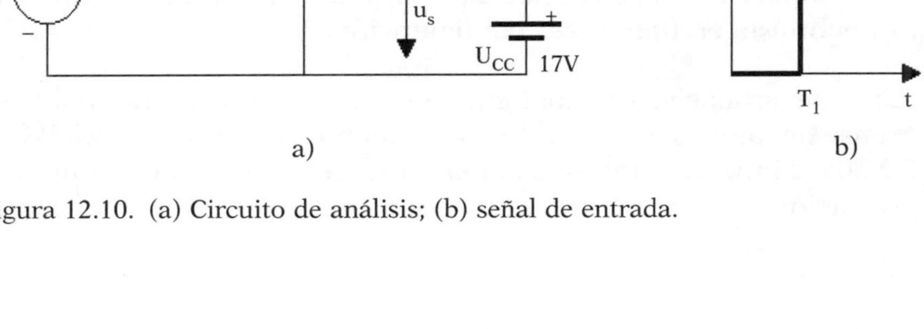

Figura 12.10. (a) Circuito de análisis; (b) señal de entrada.

El razonamiento anterior lleva a la conclusión de que, en los terminales de salida, el dispositivo se comporta como un interruptor cuyo estado (abierto o cerrado) depende de la señal aplicada en los terminales de entrada.

También se puede mostrar el funcionamiento como amplificador a través del mismo circuito, sin más que suponer que la tensión de entrada responde ahora a la expresión $\mathbf{u_E = U_E + u_e sen(\omega t)}$. La tensión $\mathbf{U_E}$ es utilizada para fijar el punto de trabajo en continua, $\mathbf{Q_2}$ en el caso que se trata. En torno a ese punto va variando el punto de trabajo instantáneo, **Q(t)**. Si $\mathbf{u_e} = 0$, la recta de carga responde a la ecuación $\mathbf{U_S} = \mathbf{U_{cc}} - \mathbf{R_L I_S}$ (12.3), donde todos los términos son valores de continua.

Las componentes continua y alterna de la tensión de entrada aparecen reflejadas en la salida, de modo que las variables de tensión y corriente de la misma poseen esas dos componentes. La ecuación de la recta de carga se puede reescribir como

$$U_S + u_s = U_{CC} - R_L i_S - R_L i_s \tag{12.4}$$

y teniendo en cuenta la ec. anterior, se llega a $\mathbf{u_s = -R_L i_s}$ que para potencias alternas deriva en $\mathbf{P_s} = \mathbf{u_s i_s = -R_L i_s^2} < 0$, es decir, la potencia alterna disipada en la carga es entregada por la fuente de corriente, que a su vez lo extrae de la fuente de tensión continua.

En el caso de que la variable de control sea una tensión el razonamiento es totalmente similar.

12.2. Curvas de salida

Todos los transistores, omitiendo el terminal de sustrato del MOSFET, son dispositivos de tres terminales. Para convertirlo en un cuadripolo semejante al del apartado anterior, es necesario duplicar uno de los terminales y, dependiendo de cuál sea el escogido, se dice que el transistor está en una u otra configuración.

Las más usadas son la configuración en emisor común en el caso del transistor bipolar (fig. 12.11a), y en fuente común en el del MOSFET (fig. 12.11b). En ambos casos el terminal duplicado da nombre a la disposición.

La configuración en emisor común es de gran uso puesto que es preferible controlar la corriente de salida a través de una pequeña corriente de control, la de base. La curvas de salida proporcionan la relación entre las variables de salida $\mathbf{i_C}$ y $\mathbf{u_{CE}}$ en función de la variable de entrada $\mathbf{i_B}$.

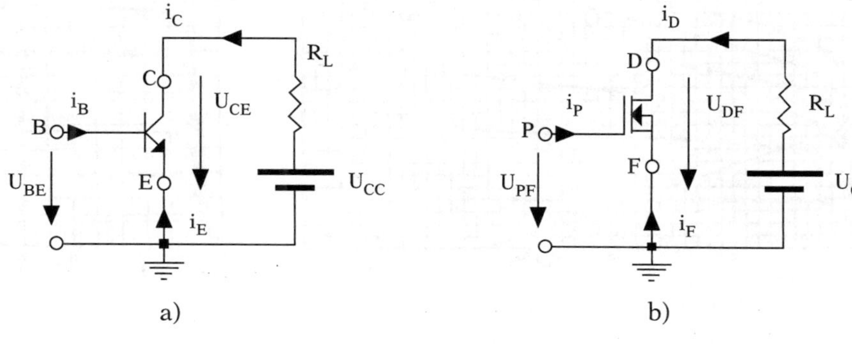

Figura 12.11. Circuito en: (a) emisor común con transistor npn; (b) circuito en fuente común con NMOS de acumulación.

En el MOSFET la configuración elegida tiene la ventaja de que la impedancia de entrada es muy elevada. Las curvas de salida suministran $\mathbf{u_{DF}}$ en función de $\mathbf{i_D}$, usando $\mathbf{u_{PF}}$ como parámetro.

12.2.1. *Transistor bipolar*

La fig. 12.12 es la familia de curvas características de salida, en emisor común, del transistor npn con nomenclatura comercial BCY58. Se ha superpuesto una recta de carga correspondiente a $\mathbf{R_L} = 300\Omega$ y a una tensión de alimentación $\mathbf{U_{CC}} = 15V$.

El que las corrientes de base y colector sean positivas indica que las mismas son siempre entrantes al dispositivo, mientras que la corriente de emisor es saliente ($\mathbf{i_E + i_C + i_B = 0}$). Si el transistor fuera del tipo pnp, dichas corrientes serían negativas, es decir, salientes del dispositivo y por consiguiente entrante la corriente de emisor.

Se pueden apreciar tres zonas o regiones de funcionamiento:

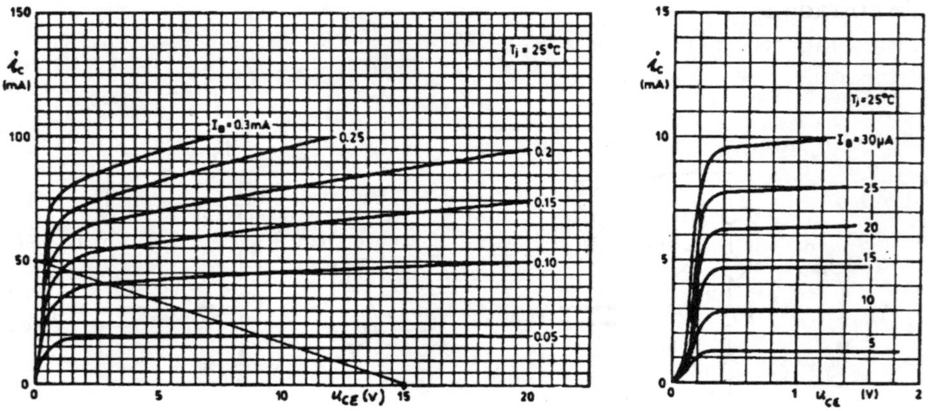

(a) (b)

Figura 12.12. Curvas de salida en emisor común del transistor npn BCY58.

— Activa. Incluye los tramos más próximos a la horizontalidad y que cubren casi toda la gráfica, los cuales se corresponden con las horizontales de las curvas de la fuente ideal de corriente. El parámetro que relaciona la corriente de salida con la de entrada se denomina β, $\mathbf{i_C} = \beta\mathbf{i_B}$.

— Corte. La corriente de base así como la de colector son nulas, y por consiguiente coincide con el eje de abcisas.

— Saturación. Engloba los tramos de curva de elevada verticalidad y caracterizados por el hecho de que la tensión $\mathbf{u_{CE}}$ es de pequeño valor, menor de 500mV.

En el proceso de análisis de circuitos es interesante, en una primera aproximación, trabajar con curvas idealizadas del transistor. Para ello se convierten en horizontales igualmente espaciados los tramos pertenecientes a la zona activa y en verticales, coincidentes con el eje de ordenadas, los tramos de zona de saturación (ver fig. 12.15a).

12.2.2. *MOSFET*

En la fig. 12.13 se proporcionan las curvas de salida, en fuente común, de un transistor NMOS de acumulación de nomenclatura comercial IRFS1Z0. Tanto $\mathbf{u_{DF}}$ como $\mathbf{i_D}$ toman valores positivos, mientras que si se tratara de un transistor PMOS serían negativos.

En las curvas se pueden observar tres zonas muy bien diferenciadas:

— Corte. La tensión $\mathbf{u_{PF}}$ no sobrepasa un valor de tensión denominado tensión umbral, $\mathbf{U_T}$, y a consecuencia de ello la intensidad de drenaje es nula.

— Intensidad constante, con tramos casi horizontales. El parámetro que relaciona la corriente de drenaje con la tensión de control, $\mathbf{u_{PF}}$, se denomina **transconductancia** y se representa con la letra **g**, $\mathbf{i_D = g(U_{PF} - U_T)}$.

— Resistencia, relación lineal entre tensión y corriente de salida. Ello se puede observar más claramente en la ampliación de las curvas mostrada en la fig. 12.13b.

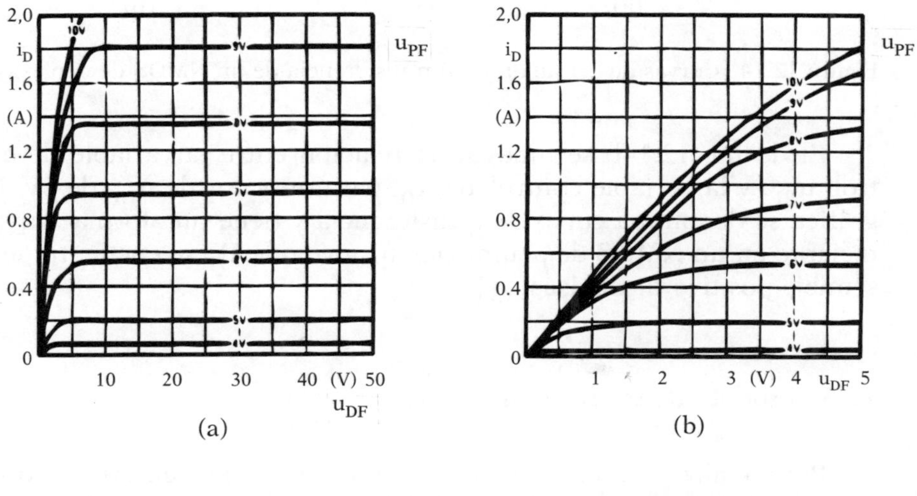

Figura 12.13. Curvas de salida del transistor NMOS IRFS1Z0.

En el proceso de idealización de estas curvas la zona de intensidad constante pasa a serlo realmente, con espaciado idéntico entre ellas, e igual ocurre con la de resistencia, donde la relación $\mathbf{i_D/u_{DF}}$ pasa a ser totalmente lineal (ver fig. 12.15b).

En el caso de un transistor NMOS de deplexión (fig. 12.14), las curvas son semejantes. Sólo hay que manifestar el hecho, ya mencionado en un apartado anterior, de que con $\mathbf{u_{PF}}$ = 0V existe corriente de drenaje, y es necesario aplicar tensión negativa para conseguir alcanzar la situación de corte.

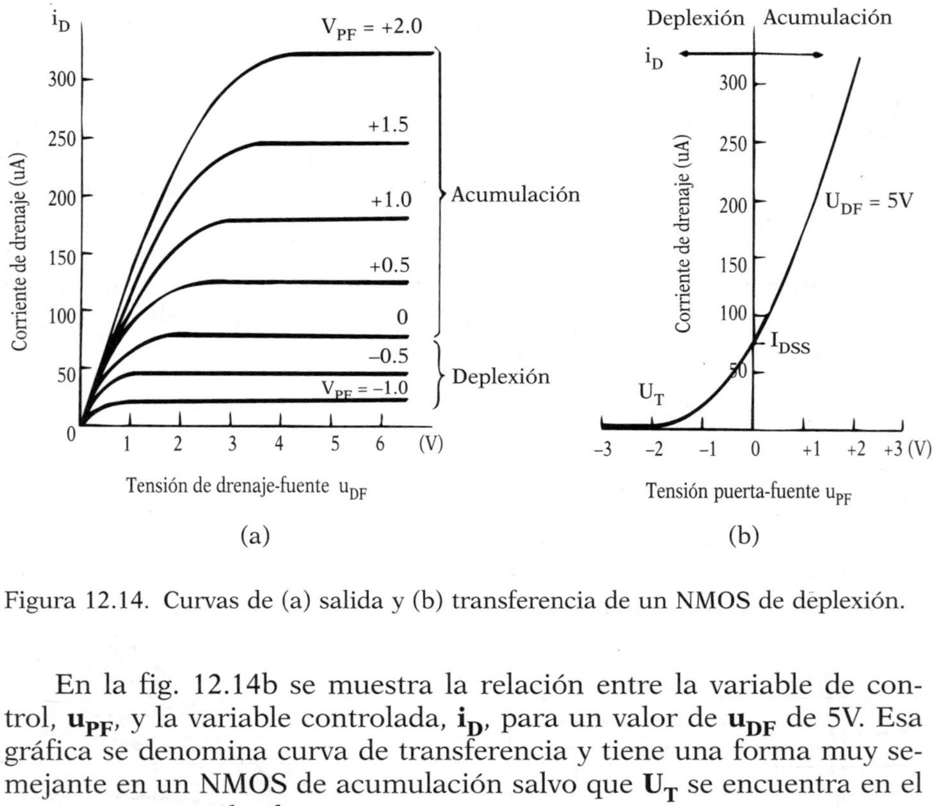

Figura 12.14. Curvas de (a) salida y (b) transferencia de un NMOS de deplexión.

En la fig. 12.14b se muestra la relación entre la variable de control, $\mathbf{u_{PF}}$, y la variable controlada, $\mathbf{i_D}$, para un valor de $\mathbf{u_{DF}}$ de 5V. Esa gráfica se denomina curva de transferencia y tiene una forma muy semejante en un NMOS de acumulación salvo que $\mathbf{U_T}$ se encuentra en el semieje positivo de abcisas.

12.3. Modelo de gran señal

Para analizar un circuito con transistores se pueden utilizar diversas herramientas, y cada una de ellas suministrará unos resultados con mayor o menor precisión. En el nivel más alto se encuentran los programas de simulación de grandes prestaciones (ej. SPICE), en los cuales los componentes poseen modelos bastantes complejos y donde los parámetros son suministrados directamente por el fabricante. Con esos programas es posible estudiar circuitos en los que se existen señales con componentes alterna y continua.

En el nivel más bajo se encuentra el análisis mediante modelos obtenidos a partir de las curvas idealizadas de los componentes (figura 12.15), y que sólo es válido para continua. Estos modelos permiten lograr una mejor comprensión del funcionamiento de los transistores.

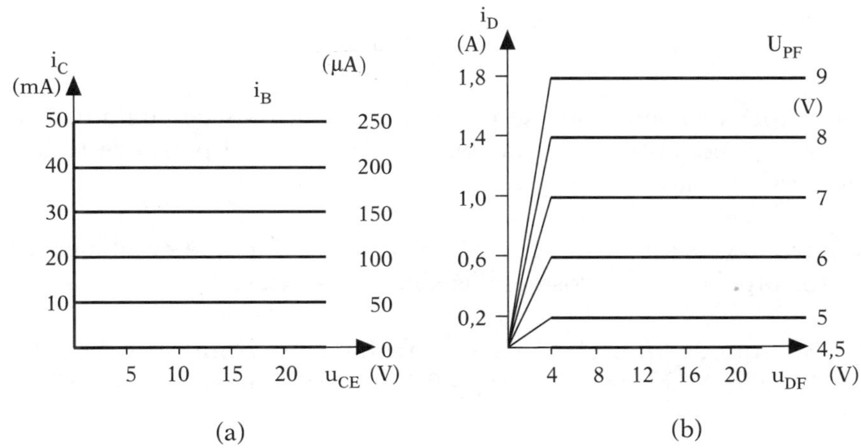

Figura 12.15. Curvas ideales: (a) BJT; (b) NMOS de acumulación.

En los transistores bipolar, considerando montaje en emisor común, y MOSFET, montaje en fuente común, esos modelos para las distintas zonas de trabajo son:

— Corte. Circuito abierto a la salida y circuito abierto a la entrada.

— Activa. Fuente de corriente de valor $\beta \mathbf{I_B}$ a la salida y una fuente de tensión continua de 0,7V a la entrada.

— Saturación. Cortocircuito a la salida y fuente de tensión continua de 0,7V a la entrada.

— Intensidad constante. Fuente de intensidad de valor $\mathbf{g(U_{PF}-U_T)}$ en la salida y un circuito abierto en la entrada.

— Resistencia. Una resistencia, $\mathbf{R_{EQ}}$, en la salida, de valor inversamente proporcional a la tensión de control, y un circuito abierto a la entrada. El valor de $\mathbf{u_{DF}}$ en el cual se pasa de esta zona de trabajo a la anterior, se denomina tensión de contracción ($\mathbf{U_{CON}}$), verificándose la relación $\mathbf{R_{EQ}g(U_{PF}-U_T) = U_{CON}}$.

12.3.1. *Sistemática de análisis*

El primer problema que se plantea en el análisis de cualquier circuito con componentes electrónicos, es determinar el punto de trabajo de cada uno de ellos.

Es preciso seguir un proceso de prueba y error, que en el caso del transistor bipolar se desglosa en las siguientes fases:

— Se supone que el transistor trabaja en zona de corte (fig. 12.16a), y se verifica si $\mathbf{u_{EB}<0,7V}$, transistor pnp, o $\mathbf{u_{BE}<0,7V}$, transistor npn.

— Si ello no ocurre, se considera que el transistor está operando en zona activa (fig. 12.16b), debiéndose demostrar que $\mathbf{u_{BC}>-0,7V}$, en el caso de transistor pnp, o $\mathbf{u_{CB}>-0,7V}$, transistor npn.

— Si se verifica que es un absurdo suponer que el punto de trabajo está dentro de la zona activa, la solución es que trabaja en zona de saturación (fig. 12.16c).

Si se tratara de un MOSFET, se procedería de modo semejante según las siguientes fases:

— Se parte de la hipótesis de que el transistor trabaja en zona de corte (fig. 12.16a), y se verifica que $\mathbf{u_{PF}<U_T}$ (tensión umbral), transistor de canal n, o $\mathbf{u_{PF}>U_T}$, canal p.

— Si ello no ocurre, se considera que el transistor está trabajando como fuente de corriente (fig. 12.16d), debiéndose demostrar que $\mathbf{u_{DF}>U_{CON}}$, canal n, o $\mathbf{u_{DF}<U_{CON}}$, canal p.

— Si se verifica que es un absurdo suponer que el transistor equivale a una fuente de corriente, la solución es que trabaja como resistencia (fig. 12.16e).

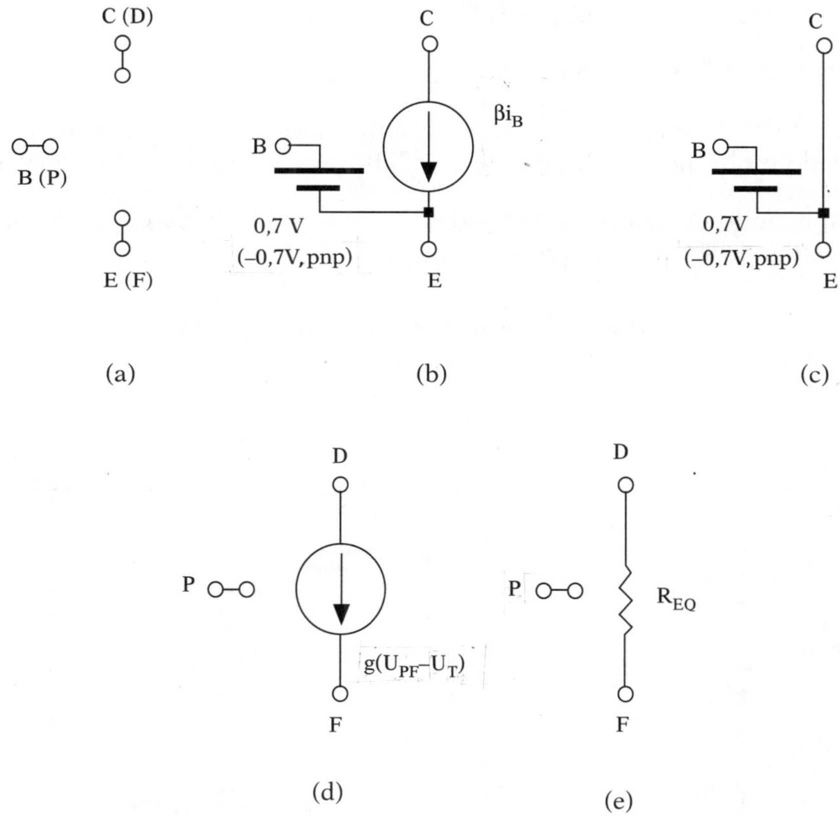

Figura 12.16. Modelos de transistores ideales: (a) corte, (b) activa, (c) saturación, (d) intensidad constante, (e) resistencia.

Ejemplo 12.1

Determinar, para el circuito de la fig. 12.17a, la zona de trabajo del transistor bipolar y los valores de $\mathbf{I_B}$, $\mathbf{I_C}$ y $\mathbf{U_{CE}}$, respondiendo el transistor a las curvas de la fig. 12.15a.

Solución

Como primer paso se supone que el transistor funciona en zona de corte, es decir, todas las corrientes a su través son nulas. Según esto y aplicando la primera ley de Kirchhoff a los elementos asociados a la unión base-emisor, se obtiene

$$U_{BE} + I_E R_E + U_{CC} + I_B R_B = 0 \qquad U_{BE} = -U_{CC} = 20V$$

por lo cual es falsa la suposición de partida.

Trabajando en zona activa el circuito equivalente resultante es el reflejado en la fig. 12.17b, donde β = 200, valor extraído de las curvas.

Aplicando de nuevo la 1ª ley de Kirchhoff a la malla de la izquierda y teniendo en cuenta que $\mathbf{I_E} = \mathbf{I_B} + \mathbf{I_C}$

$$I_B R_B + U_{BE} + R_E I_E + U_{CC} = 0$$

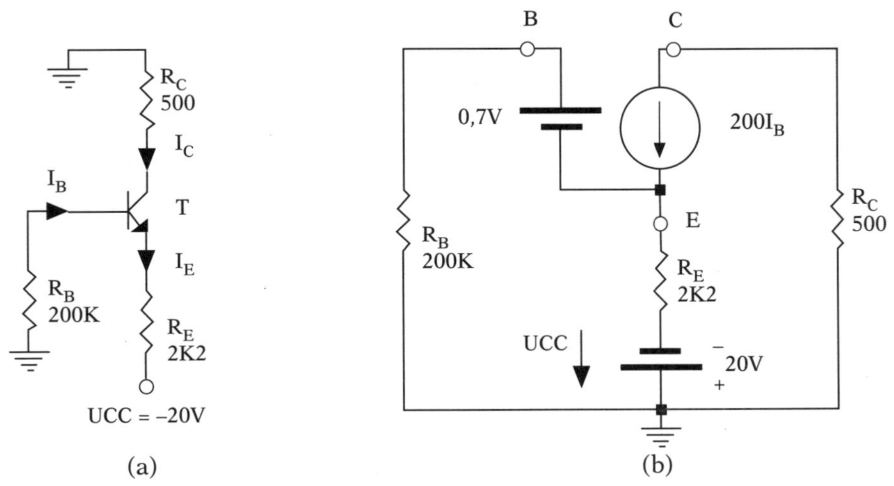

Figura 12.17. (a) Circuito del ejemplo 12.1; (b) circuito equivalente en zona activa.

$$I_B[R_B + (1+\beta)R_E] + U_{BE} + U_{CC} = 0$$

Despejando $\mathbf{I_B}$ y sustituyendo los valores numéricos

$$I_B = \frac{-U_{CC} - U_{BE}}{R_B + (1+\beta)R_E} = \frac{20\text{-}0{,}7}{200k + (1+200)\ 2k2} = 0{,}03mA$$

En la malla colector-emisor se obtiene

$$I_C R_C + U_{CE} + I_E R_E + U_{CC} = 0$$

$$\beta I_B R_C + U_{CE} + (\beta + 1) I_B R_E + U_{CC} = 0$$

y de esta última ecuación, despejando $\mathbf{U_{CE}}$ y sustituyendo valores, se llega a $\mathbf{U_{CE}}$ = 3,734V y $\mathbf{U_{CB}}$ = $\mathbf{U_{CE}}$ – $\mathbf{U_{BE}}$ = 3,034V > –0,7V, lo que indica la validez de la hipótesis de trabajo en zona activa. $\mathbf{I_C}$ = 6mA.

Ejemplo 12.2

Dado el circuito de la fig. 12.18, donde el elemento básico es un MOSFET de acumulación cuyas curvas idealizadas responden a la fig. 12.15b, determine los valores de $\mathbf{I_D}$, $\mathbf{U_{DF}}$ y $\mathbf{U_S}$ (tensión de salida).

Solución

Igual que en el ejemplo anterior, se empezará suponiendo trabajo en zona de corte y, como consecuencia, que las corrientes de drenaje, fuente y puerta son nulas, aunque esta última lo es siempre. Aplicando Kirchhoff a la malla de la izquierda y a la de puerta-fuente

$$-U_{DD} + R_1 I_1 + R_2 I_1 = 0, \qquad -R_2 I_1 + U_{PF} + I_F R_F = 0$$

De la primera ecuación se obtiene $\mathbf{I_1}$ = 0,25mA, valor que llevado a la segunda aporta $\mathbf{U_{PF}}$ = 9,25V, mayor que la tensión umbral, $\mathbf{U_T}$ = 4,5V. Luego la hipótesis es falsa.

Suponiendo que el punto de trabajo está en la zona de intensidad constante, el circuito equivalente resultante se muestra en la fig.

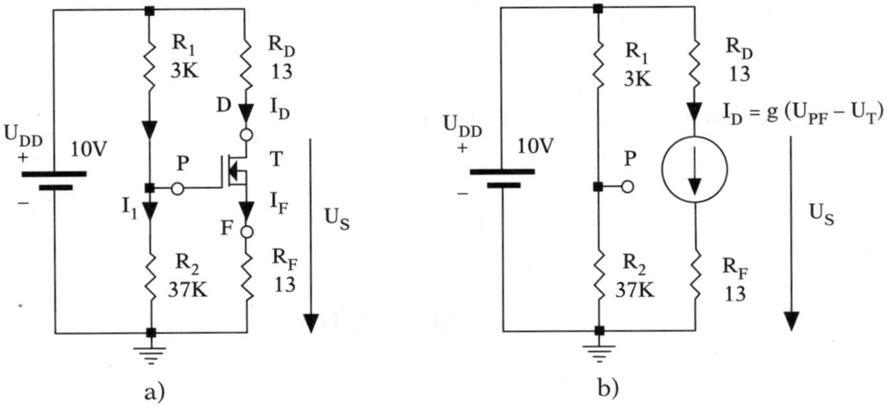

Figura 12.18. (a) Circuito del ejemplo 12.2; (b) circuito equivalente en zona de intensidad constante.

12.18b. De las curvas se extrae el valor del parámetro **transconductancia**, **g** = $0{,}4\Omega^{-1}$.

Aplicando la primera ley de Kirchhoff tanto a la salida como a la entrada y, teniendo en cuenta la definición de transconductancia

$$U_{DD} - R_F I_D - U_{DF} - I_D R_D = 0,$$

$$I_D = g\,(U_{PF} - U_T),$$

$$R_2 I_1 = 9{,}25\,V = U_{PF} + I_D R_F$$

Operando con las dos últimas ecuaciones, se obtiene $\mathbf{U_{PF}}$ = 5,27V, valor que llevado a la segunda ecuación resulta en $\mathbf{I_D}$ = 0,3A. De la primera ecuación resulta $\mathbf{U_{DF}}$ = 2,2V<$\mathbf{U_{CON}}$ = 4V y con ello se verifica la falsedad de la hipótesis.

Sólo queda la opción de que el MOSFET trabaje en la zona de resistencia. Las ecuaciones que se pueden plantear son

$$U_{DD} - R_F I_D - U_{DF} - I_D R_D = 0$$

$$R_{EQ} \cdot g(U_{PF} - U_T) = U_{CON}$$

$$9{,}25\,V = U_{PF} + I_D R_F$$

y operando con las mismas se llega a una ecuación de segundo grado para $\mathbf{U_{PF}}$. De los dos valores obtenidos, 2,29V y 5,57V, sólo es válido el primero ya que el otro es menor que la tensión de umbral.

Sustituyendo este resultado en las dos primeras ecuaciones se obtienen los siguientes valores: $\mathbf{R_{EQ}}$ = 9,345Ω e $\mathbf{I_D}$ = 0,283A, y por consiguiente $\mathbf{U_{DF}}$ = 2,645V.

12.4. El transistor en conmutación: inversor digital

12.4.1. *El inversor ideal*

El inversor ideal, alimentado con una fuente única $\mathbf{U_{DD}}$ y dependiendo su salida de una única entrada, tiene la característica de transferencia ($\mathbf{u_S}$ en función de $\mathbf{u_E}$) de la fig. 12.19a. El estado de salida queda claramente determinado para cualquier tensión de entrada (excepto $\mathbf{U_{DD}}/2$), denominándose nivel lógico «1» a la tensión de alimentación y nivel lógico «0» a 0V.

En la fig. 12.19b están representadas las ondas de tensión y corriente de las salida correspondientes a la transición de «1» a «0», y viceversa, en un interruptor ideal. La potencia disipada en ambos estados, potencia estática, es nula ya que cuando $\mathbf{u_S} \neq 0$, $\mathbf{i_S} = 0$ (interruptor ideal abierto) y cuando $\mathbf{i_S} \neq 0$, $\mathbf{u_S} = 0$ (interruptor ideal cerrado). Además, siendo instantánea la transición de uno a otro estado, la potencia dinámica disipada, es decir, la potencia consumida durante la conmutación, también es nula.

Hay otras dos características del inversor ideal relacionadas con la interconexión de este dispositivo y otros componentes lógicos (puertas lógicas): 1) el circuito de entrada no representa una carga para la señal de entrada (la salida de una puerta anterior) y 2) la salida de un inversor es capaz de comandar a un número cualquiera de puertas similares sin que se degrade el nivel de salida.

Estas consideraciones generales hacen ver que, para evaluar la bondad de un componente lógico real, sea preciso estudiar sus prestaciones en una serie de características que son explicadas a continuación.

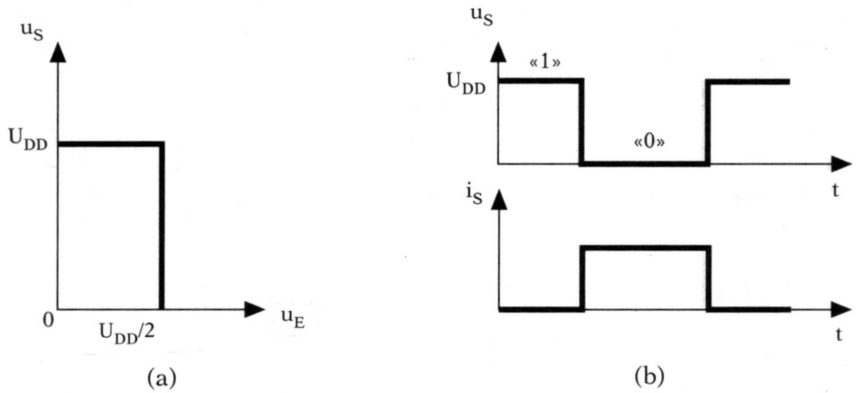

Figura 12.19. Inversor ideal: (a) Característica de transferencia; (b) ondas de tensión y corriente.

1) Característica de transferencia. Esta curva, que para un inversor real adquirible comercialmente se puede ver en la figura 12.20, presenta varias desviaciones respecto a la característica ideal de la fig. 12.19a. Estas diferencias son: las tensiones de «1» y «0» no son constantes y además difieren de la tensión de alimentación y de cero, respectivamente; la transición de uno a otro estado no es abrupta.

   El nivel lógico «0» de entrada se asocia al margen $0 \leq \mathbf{u_E} \leq U_{EL}$ y «1» a $\mathbf{u_E} \geq U_{EH}$, mientras que en los niveles lógicos de salida se corresponde el «0» con $0 \leq \mathbf{u_S} \leq U_{SL}$ y el «1» con $\mathbf{u_S} \geq U_{SH}$.

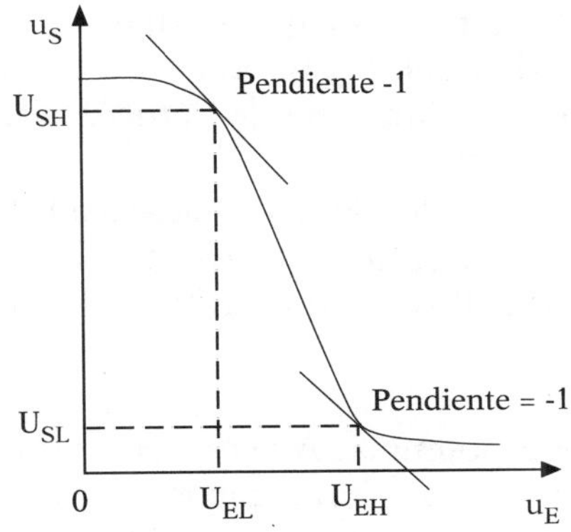

Figura 12.20. Curva de transferencia en un inversor real.

2) Margen de ruido. En un circuito electrónico se entiende por «ruido» la presencia de cualquier señal no deseada. Existen muchas fuentes de ruido entre las que figura la pequeña componente alterna que existe en toda fuente de alimentación y las radiaciones electromagnéticas (provenientes de luces fluorescentes, señales de radio y televisión, etc.). Por «margen de ruido» (NM, «noise margin») se entiende el grado de inmunidad del circuito lógico ante las señales no deseadas. Los márgenes $\mathbf{NM_H}$ y $\mathbf{NM_L}$ corresponden a los márgenes de ruido para «1» y «0», respectivamente. En la fig. 12.21 se puede observar que

$$NM_H = U_{SH} - U_{EH} \qquad NM_L = U_{EL} - U_{SL}$$

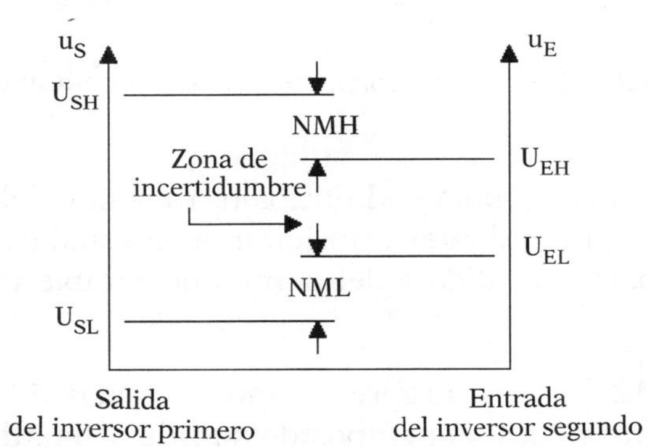

Figura 12.21. Margen de ruido de dos inversores en cascada.

La importancia del margen de ruido radica en que una señal de ruido de valor menor que el margen, no alterará el valor lógico. Los ruidos que lo superen llevan las señales de entrada a la zona de incertidumbre o lo cambian de estado.

3) Número máximo de cargas («fan-out»). Es el número máximo de entradas de circuitos lógicos que se pueden conectar a la salida de uno de ellos sin que se falsee la información de esta última.

4) Disipación de potencia. A veces el factor dominante es la disipación estática, y en otros casos, como ocurre con los dispositivos basados en tecnología CMOS (pares de transistores PMOS y NMOS), es la disipación dinámica.

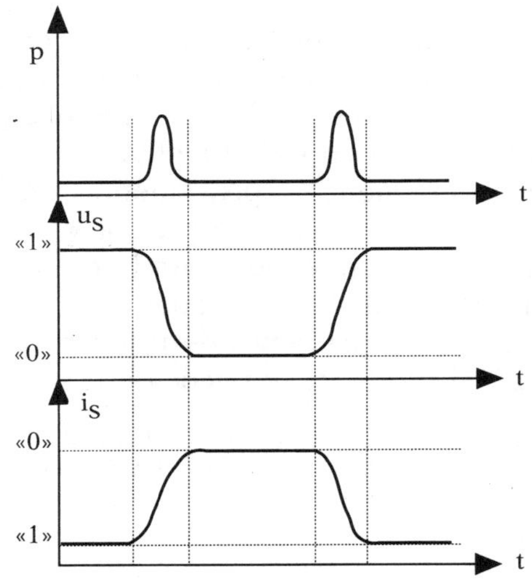

Figura 12.22. Ondas de potencia, corriente y tensión en un interruptor real.

5) Velocidad o frecuencia de trabajo. Depende del tiempo necesario para que cualquier transición de la señal de entrada se propague hasta la salida y del tiempo de cambio de uno a otro estado.

En la fig. 12.23 se han representado las ondas de entrada y salida típicas de un inversor. Los tiempos de **subida** y **bajada**, $\mathbf{t_r}$ y $\mathbf{t_f}$ respectivamente, miden los tiempos de transición entre estados lógicos. Ambos términos se definen como el tiempo transcurrido entre la variación de tensión desde el 10% al 90% del incremento de nivel que separa el «0» del «1».

El tiempo de propagación, $\mathbf{t_p}$, $\mathbf{t_{PHL}}$ y $\mathbf{t_{PLH}}$ es la diferencia de tiempo entre los instantes en los que las tensiones de entrada y salida se encuentran al 50% de su valor. El tiempo que transcurre entre dos **flancos** consecutivos (transición) de subida, o dos de bajada, se denomina **tiempo de ciclo (T)**. Suele ser del orden de 20 a 50 veces mayor que el valor de propagación y su inversa recibe el nombre de **frecuencia de trabajo**.

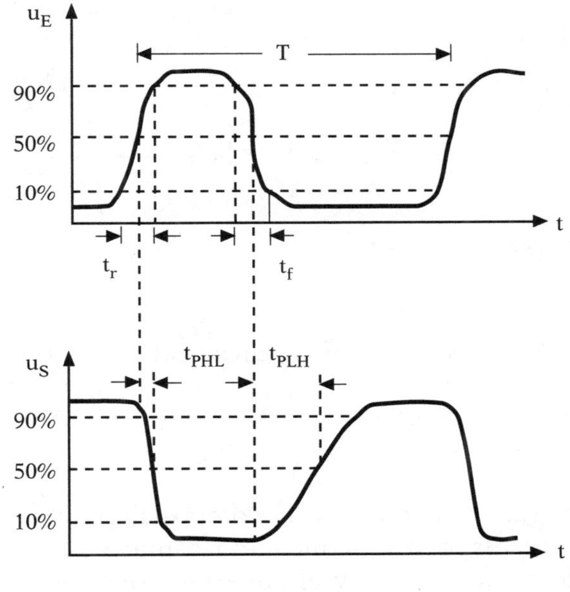

Figura 12.23. Ondas de tensión de un inversor real.

12.4.2. *El inversor bipolar*

El esquema del inversor bipolar (fig. 12.24a), ya fue estudiado anteriormente al analizar el funcionamiento del transistor bipolar y por ello la descripción de este inversor se limita a indicar, a través de la fig. 12.24b, las zonas de trabajo en los diferentes puntos de la característica de transferencia.

12.4.3. *El inversor NMOS*

La familia lógica NMOS es una de las cuatro tecnologías más usadas en la fabricación de circuitos integrados. El elemento base es el transistor NMOS que puede ser usado tanto como interruptor como resistencia. Debido al pequeño espacio que ocupa en un CI, se usa sobre todo en los dispositivos de muy alta escala de integración (VLSI).

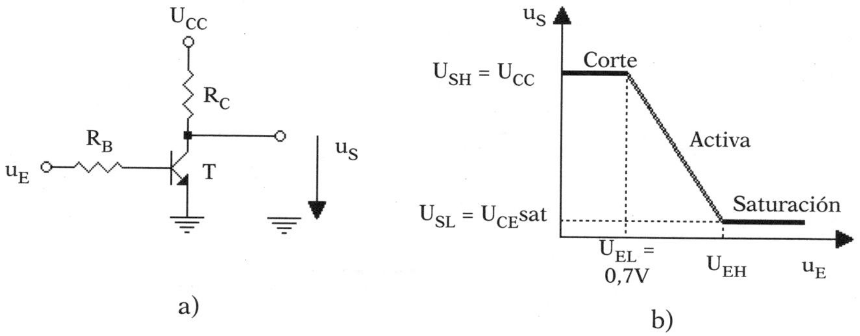

Figura 12.24. Inversor bipolar: (a) circuito; (b) curva de transferencia.

En la fig. 12.25a se muestra la composición, en modo general, de un inversor. El dispositivo conectado a masa actúa de interruptor (MOSFET de acumulación) y el superior, conectado a alimentación, de resistencia. Analizando diversas posibilidades para el transistor superior, se concluye que la solución que consigue una aproximación mayor al inversor ideal, es la que resulta de disponer un MOSFET de deplexión con $\mathbf{u_{PF}}$ = 0V.

Como ejemplo del proceso seguido, se va a estudiar la secuencia de pasos para la obtención de la característica de transferencia de ese montaje.

Las curvas mostradas en la fig. 12.25c corresponden a un MOSFET canal n de deplexión. Puesto que en T_2 se verifica $\mathbf{u_{PF}}$ = 0V, los valores de tensión y corriente de ese transistor responden a la curva marcada como característica de carga.

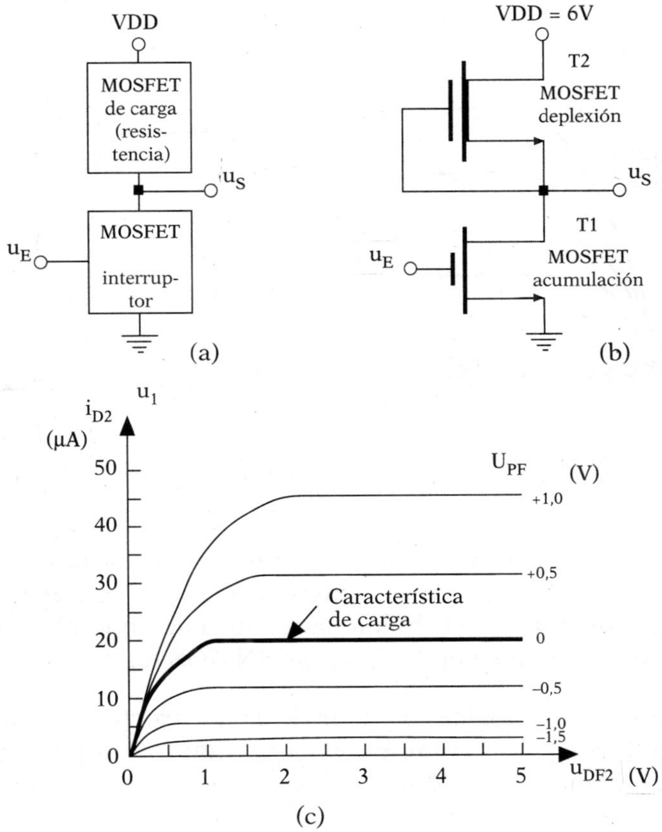

Figura 12.25. Inversor NMOS: (a) Estructura general; (b) estructura con MOSFET de deplexión; (c) curvas.

La línea de carga asociada a la salida responde a la ecuación $\mathbf{u_{DD}} = \mathbf{u_{DF2}} + \mathbf{u_{DF1}}$; teniendo en cuenta que $\mathbf{u_{DF2} = f(i_{D2})}$ (característica de carga) e $\mathbf{i_{D1} = i_{D2}}$, se llega a la expresión $\mathbf{u_{DF1} = u_{DD} - f(i_{D1})}$, expresión de la que, dando valores a $\mathbf{i_{D1}}$, se obtiene la línea de carga reflejada en la fig. 12.26a.

Sobre esa misma figura y dando valores a $\mathbf{u_E}$, desde 0V a $\mathbf{U_{DD}}$, se genera la curva de transferencia de la fig. 12.26b. Como se puede observar, los valores de «1» y «0» se aproximan mucho al caso ideal (tensión de alimentación y 0V, respectivamente), y los márgenes de ruido son bastante elevados, $\mathbf{NM_H} = 2{,}4V$ y $\mathbf{NM_L} = 2{,}1V$, próximos al valor ideal de 3V.

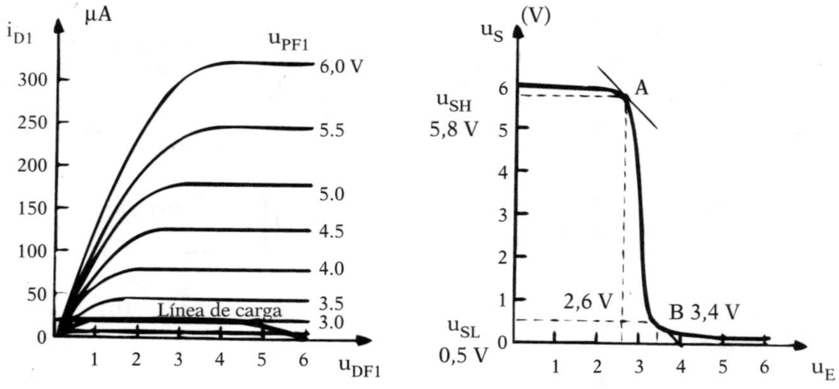

Figura 12.26. (a) Línea de carga y (b) curva de transferencia del inversor de la figura 12.25.

A pesar de que para fabricar dispositivos de deplexión y acumulación en un solo CI se requieren pasos adicionales en el proceso, la gran mejora obtenida en su funcionamiento hace que esta configuración sea la que se emplee en los circuitos NMOS lógicos actuales.

Construir puertas lógicas a partir de esta estructura, para procesamiento de información digital, es sencillo. Como ejemplo, se muestra en la fig. 12.27 una puerta NOR de dos entradas.

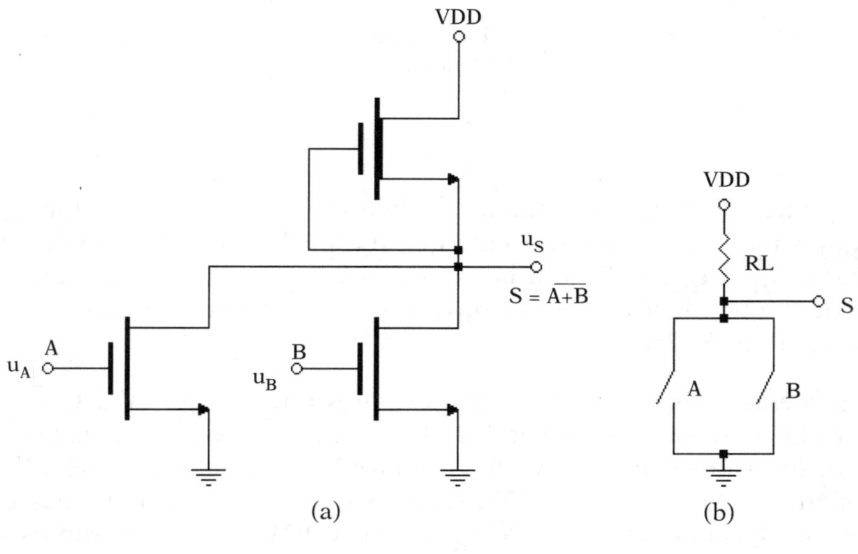

Figura 12.27 (a) Puerta NOR NMOS de dos entradas; (b) circuito equivalente.

A		B		C	
u_A	Estado	u_B	Estado	u_s	Estado
$<=u_{EL}$	«0»	$<=u_{EL}$	«0»	$>=u_{SH}$	«1»
$<=u_{EL}$	«0»	$<=u_{EH}$	«1»	$<=u_{SL}$	«0»
$>=u_{EH}$	«1»	$<=u_{EL}$	«0»	$<=u_{SL}$	«0»
$>=u_{EH}$	«1»	$<=u_{EH}$	«1»	$<=u_{SL}$	«0»

c)

Figura 12.27. (c) Niveles de tensión de entrada y salida.

La impedancia de entrada de un MOSFET es muy elevada y por ello la corriente de puerta es prácticamente nula. Para determinar el «fan-out» de un inversor NMOS hay que tener en cuenta la capacidad parásita existente entre los terminales de puerta y fuente. El circuito de salida de una etapa debe cargar esa capacidad en la etapa siguiente cuando genera un «1» y descargarlo cuando produce un «0».

12.4.4. *El inversor CMOS*

Los circuitos digitales complementarios metal-óxido-semiconductor son de gran utilización por tener la ventaja de no poseer prácticamente ninguna disipación de potencia estática en ninguno de los dos estados de lógica, «1» y «0». El inversor básico CMOS tiene la configuración de la fig. 12.28, donde ambos transistores son de acumulación.

Cuando $\mathbf{u_E}$ = 0V se verifica $\mathbf{u_{PF1}}$ = 0V, es decir, T_1 está al corte, mientras que $\mathbf{u_{DF2}} = -\mathbf{U_{DD}}$, y T_2 está en conducción. Supóngase ahora que $\mathbf{u_E} = \mathbf{U_{DD}} = \mathbf{u_{PF1}}$, entonces T_1 está en conducción, pero T_2 con $\mathbf{u_{PF2}}$ = 0V está al corte. En cualquier estado uno de los dos transistores está en situación de corte y por consiguiente la disipación en reposo (estática), es nula. Para ajustarse totalmente a la realidad habría que tener en cuenta las pequeñas corrientes de fugas a través de los dispositivos, pero ello representa únicamente unos cuantos nanowatios.

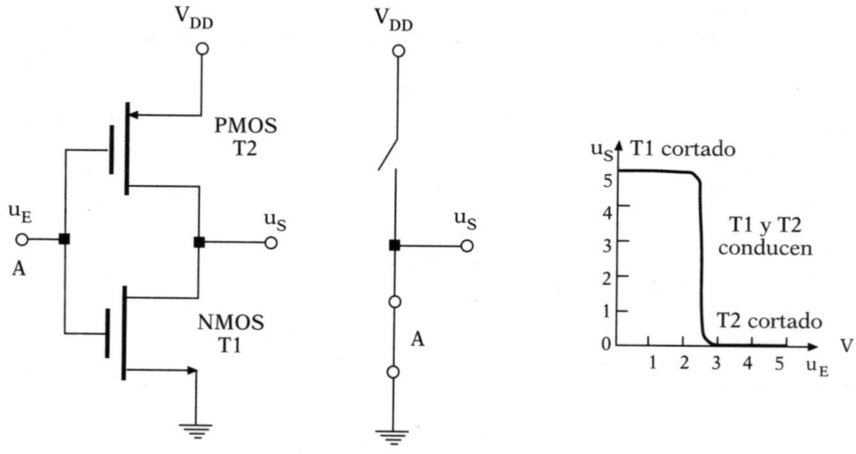

Figura 12.28. Inversor CMOS: estructura y curva de transferencia.

En el concepto del «fan-out» hay que hacer las mismas consideraciones que en el caso de NMOS.

Dentro de las estructuras que se pueden construir con esta tecnología, se puede destacar una por su exclusividad. Es el caso de la puerta de transmisión, fig. 12.29. Actuando a través de los terminales de puerta se consigue que la corriente pueda circular de A a B en ambos sentidos, o inhibir su paso totalmente.

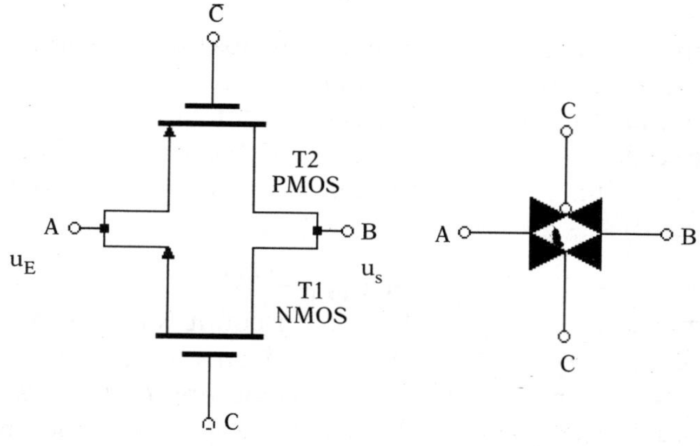

Figura 12.29. Puerta de transmisión.

12.4.5. *Familias lógicas*

Los dispositivos lógicos pueden clasificarse, atendiendo al número de transistores por mm^2 de superficie de circuito integrado, en circuitos SSI, MSI, LSI y VLSI, es decir, de escala de integración pequeña, media, grande y muy grande, respectivamente.

Otra clasificación posible atiende al transitor usado, así se habla de CI de tecnología bipolar o de tecnología MOS. Dentro del primer grupo se pueden distinguir las familia TTL («transistor-transistor logic») y ECL («emiter-coupled logic»), mientras que en el segundo se incluyen las familias NMOS y CMOS.

Haciendo un poco de historia y dejando a un lado los circuitos VLSI, la primera familia lógica TTL se denominó serie 54/74. Tanto la serie 54 como la 74 tienen las mimas características eléctricas, pero la 54 puede funcionar en el rango de –55ºC a 125ºC (componentes con especificaciones militares), mientras que la otra sólo cubre el margen 0ºC a 70ºC (componentes comerciales).

Para mejorar sus caracterísitas en cuanto a velocidad se dispusieron transistores Schottky en vez de bipolares, llamando a la familia resultante serie 74S. El retardo de propagación quedó reducido a un tercio, pero a expensas de duplicar la disipación de potencia. No obstante, el producto retardo-potencia se mejoró respecto a la serie 74. Posteriormente surgieron las series 74LS (Schottky de baja potencia), 74AS (Schottky avanzada), 74ALS (Schottky avanzada de baja potencia) y 74F (rápida).

Las familias con tecnología CMOS se iniciaron con las series 4000/4500, para pasar luego a las series 74HC (CMOS de alta velocidad), 74AC (CMOS avanzada), 74BC (bipolar-CMOS) y llegar en la actualidad a la serie 74VHC (CMOS de muy alta velocidad). Todas las series 74 son idénticas funcionalmente, terminal a terminal, a las series 74 de TTL. Existen además, incluidas en estas series, las variantes HCT, ACT y VHCT, que son compatibles no solo funcionalmente con las familias TTL, sino que además sus entradas son compatibles eléctricamente.

TABLA 12.1

Comparación de familias lógicas

Símbolo	*VHS* *74VHC*	*ACL* *74AC*	*HS* *74HC*	*FAST* *74F*	*AS* *74AS*	*ALS* *74ALS*	*Unidades*
$\mathbf{t_P}$	7,5	8	19	6*	5*	14*	ns $
$\mathbf{f_{máx}}$	100	100	36	100*	105*	34*	MHz $
$\mathbf{P_D}$	0,01μ	0,01μ	0,01μ	22m	32m	5m	W §
$\mathbf{I_{EH}}$ $\mathbf{I_{EL}}$	1 –1	1 –1	1 –1	20 –600	20 –500	20 –100	μA #
$\mathbf{U_{EH}}$ $\mathbf{U_{EL}}$	3,5 1,5	3,5 1,5	3,5 1,5	2 0,8	2 0,8	2 0,8	V @
$\mathbf{I_{SH}<0}$ $\mathbf{I_{SL}}$	8 8	24 24	4/6 4/6	1/15 20,/64	2/15 20/64	0,4/15 8/24	mA &
$\mathbf{U_{CC}}$	2..5,5	2..5,5	2..6	4,75.. ..5,25	4,5... ...5,5	4,5... ...5,5	V
$\mathbf{T_a}$	–40... 85	–40... 85	–40... 85	0...70	0...70	0...70	°C

($) El tiempo de propagación ($\mathbf{t_P}$) y la frecuencia máxima de ciclo ($\mathbf{f_{máx}}$) están medidos bajo las siguientes condiciones: $\mathbf{U_{CC}}$ = 4,5V; $\mathbf{T_a}$ = –40..85°C (*:0..70°C) y C_L = 50pF (carga conectada en la salida).

(§) $\mathbf{P_D}$ es la potencia disipada con frecuencia de ciclo nula, es decir, potencia estática («quiescent power dissipation»).

(#) Las corrientes de entrada para nivel bajo de tensión de entrada ($\mathbf{I_{EL}}$) y nivel alto ($\mathbf{I_{EH}}$) son medidas en todo el rango de temperatura ambiente ($\mathbf{T_a}$) y tensión de alimentación.

(@) Los umbrales de entrada de la característica de transferencia son medidos con $\mathbf{U_{CC}}$ = 5V y para todo el margen de temperatura ambiente.

(&) Las corrientes de salida para nivel alto de tensión de salida ($\mathbf{I_{SH}}$) y nivel bajo ($\mathbf{I_{SL}}$) son medidas para todo el margen de temperatura ambiente y con $\mathbf{U_{CC}}$ = 4,5V...4,75V.

La familia lógica de menor tiempo de propagación disponible comercialmente es la de emisor acoplado (ECL). La serie de mayor uso es la 10.000 (10K) que tiene un tiempo de propagación de tan sólo 2ns. También existe en el mercado la serie 100K, con $\mathbf{t_P}$ = 1ns pero con mayor disipación de potencia.

Como valores característicos de esta última familia se muestran los siguientes

— tensión de alimentación: –5,2V (10K), –4,5V (100K),

— margen de ruido: 0,3V

— potencia disipada en una puerta (mW): 24 (10K), 40 (100K),

— producto retardo potencia (pJ): 2 (10K), 0,75 (100K),

— «fan-out»: 10.

Finalmente, se presenta en la tabla 12.1 una comparación entre las familias lógicas CMOS y TTL de mayores prestaciones.

CAPÍTULO 13

Objetivos

Generales

Estudio de los diversos tipos de circuitos digitales así como de los diferentes bloques comerciales que se pueden encontrar dentro de ellos.

Específicos

— Introducción a los sistemas digitales.

— Definición de sistema binario y operaciones de suma y resta binarias.

— Códigos binarios: natural, decimal codificado en binario (BCD) y código detector de error.

— Algebra de Boole: operaciones.

— Funciones lógicas elementales: puertas lógicas.

— Definición de circuitos combinacionales.

— Tabla de verdad, diagrama de conexiones y descripción breve de bloques combinacionales: decodificador, multiplexor, demultiplexor, codificador, convertidor de código, sumador en código binario natural, comparador binario y generador de paridad.

— Definición de circuitos secuenciales y clasificación.

— Memoria de 1 bit o biestable RS.

— Bloques secuenciales de pequeña escala de integración (SSI): biestable RS sincronizado, biestable T, biestable LATCH, biestable D y biestable JK

— Funcionamiento de los bloques de media y gran escala de integración: contador, registro de desplazamiento y memoria.

13. CIRCUITOS DIGITALES

13.1. Introducción

El campo de aplicación de los sistemas digitales es extraordinariamente amplio, cubriendo casos desde el simple encendido y apagado de una lámpara hasta la utilización de un ordenador de gran capacidad para el calculo de una estructura metálica compleja, pasando por el control del proceso de una industria papelera.

Para hacerse una idea de la gran complejidad que puede presentar el control de un proceso industrial, basta considerar que éste se compondría de los siguientes bloques (figura 13.1):

A. Detección de una serie de variables (presión, temperatura, intensidad, potencia, etc.) mediante captadores (CAPT).

B. Adecuación y amplificación de la señal al nivel requerido (AMP).

C. Conversión de la señal analógica a digital (C A/D).

D. Transmisión de esta señal (modulación, línea de transmisión y demodulación).

E. Procesamiento de la información.

F. Envío de las ordenes de actuación al proceso como resultado del procesamiento de la información (modulación, línea de transmisión, demodulación).

G. Conversión de la señal digital a analógica (conversión D/A).

H. Adecuación de la señal al nivel requerido.

I. Actuación de la señal sobre el proceso mediante accionadores.

En este capítulo se estudiarán los fundamentos y componentes básicos que permiten el procesamiento de información de tipo digital (bloque E).

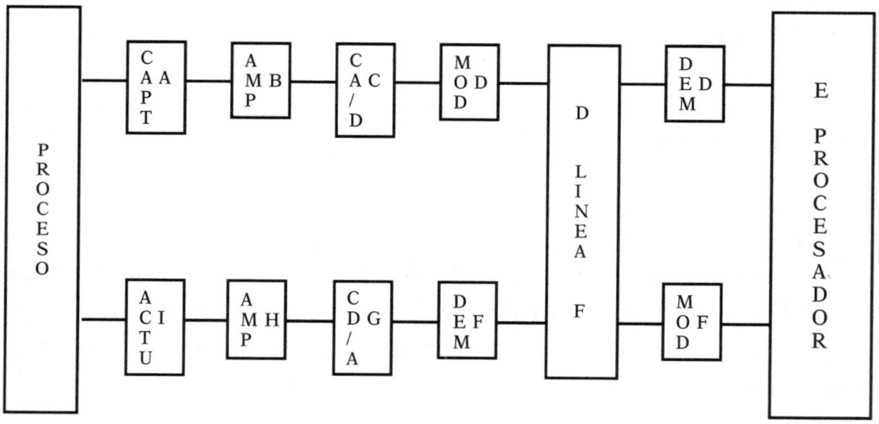

Figura 13.1. Diagrama de bloques del sistema de control de un proceso industrial.

13.2. Sistema binario

13.2.1. *Definición*

En el sistema de base dos o sistema binario, para representar los dos únicos dígitos posibles, se utilizan los dos primeros guarismos del sistema decimal, es decir, el 0 y el 1. Un número binario se representa por una sucesión ordenada, en la que cada uno de los términos p_i puede ser 0 ó 1.

$$p_{n-1}\, p_{n-2} \cdots p_i \cdots p_1\, p_o\, ,\, p_{-1} \cdots p_{-k} \qquad (13.1)$$

Para convertir un numero binario en decimal no hay más que multiplicar cada dígito por su potencia de dos correspondiente a su orden, así el numero binario 10011101,101, será equivalente al decimal 157,625, puesto que:

$$1 \text{ x } 2^7 + 0 \text{ x } 2^6 + 0 \text{ x } 2^5 + 1 \text{ x } 2^4 + 1 \text{ x } 2^3 + 1 \text{ x } 2^2 + 0 \text{ x } 2^1 +$$

$$+ 1 \text{ x } 2^0 + 1 \text{ x } 2^{-1} + 0 \text{ x } 2^{-2} + 1 \text{ x } 2^{-3} = 128 + 0 + 0 + 16 + 8 +$$

$$+ 4 + 0 + 1 + 0{,}5 + 0 + 0{,}125 = 157{,}625 = 1 \text{ x } 10^2 + 5 \text{ x } 10^1 +$$

$$+ 7 \text{ x } 10^0 + 6 \text{ x } 10^{-1} + 2 \text{ x } 10^{-2} + 5 \text{ x } 10^{-3} \qquad (13.2)$$

Para trasladar un número decimal entero a su equivalente binario se procede como se indica seguidamente:

1) Se divide la parte entera del número decimal por dos, siendo el resto de esta operación el dígito binario menos significativo (p_0); el cociente de esta división se vuelve a dividir por dos, indicando el nuevo resto el dígito siguiente (p_1); se continúa el proceso hasta que el cociente resulta cero, siendo el resto de este cociente el dígito más significativo (p_{n-1}).

2) En cuanto a la parte decimal, se multiplica de modo repetitivo por 2 y se va extrayendo la parte entera resultante.

Ejemplo 13.1.

Obtener el equivalente binario del número decimal 13,175 con cuatro dígitos de precisión en la fracción.

Para la parte entera:	13/2	6/2	3/2	1/2	
	6	3	1	0	cociente
	1 (p_o)	0 (p_1)	1 (p_2)	1 (p_3)	resto.

Para la parte fraccionaria:

0,175 x 2 = 0,35 0 (p_{-1})
0,350 x 2 = 0,70 0 (p_{-2})
0,700 x 2 = 1,40 1 (p_{-3})
0,400 x 2 = 0,80 0 (p_{-4})

El equivalente binario del número decimal 13,175, con cuatro dígitos de precisión es el 1101,0010.

13.2.2. *Suma y resta binarias*

La suma binaria se realiza de forma análoga a la decimal. Como ejemplo se da la suma de los numeros: 1111100001,001 = 993,125 y 11001100,111 = 204,875.

1 1 11	1111 11 11	acarreo
993,125	1111100001,001	augendo
204,875	11001100,111	adendo
1198,000	10010101110,000	suma

La resta binaria se puede realizar de forma análoga a la decimal, pero ello implicaría la necesidad de una circuitería distinta para realizar las dos operaciones básicas. Por ello se lleva a cabo mediante la adición del **complemento a uno o a dos** del sustraendo. Se necesita también el generador del complemento a uno o a dos, pero el circuito resultante es muy sencillo.

El complemento a dos de un número binario de n digitos enteros y k fraccionarios, es su diferencia a 2^n. Así el complemento a dos del numero N será $2^n–N$. El complemento a dos se obtiene sin más que intercambiar los ceros por unos en el número original y sumarle un 1 al dígito que ocupa la posición –k en el resultado. De acuerdo con lo anterior, el complemento a dos del numero 10111,101 = 23,625 es el 01000,011 = 8,375. En efecto, 2^5–23,625 = 32–23,625 = 8,375.

El complemento a uno de un número binario de n digitos enteros y k fraccionarios es su diferencia a $2^n–2^{-k}$. Se obtiene sin más que intercambiar los ceros por unos. Así, el complemento a uno del numero 1110,111=14,875 es 0001,000=1, ya que $2^4–2^{-3}$–14,875= 16–0,125–14,875 = 1.

En los sistemas que manejan simultáneamente números positivos y negativos en complemento a 1 ó 2, se acostumbra a diferenciarlos mediante el bit de signo. Este bit de signo se sitúa en la posición n y se adopta el 0 para indicar número positivo y el 1 para el número negativo. De acuerdo con este convenio, el número decimal 25,375 se representa por 0 11001,011.

La resta binaria puede realizarse sumando al minuendo el complemento a uno del sustraendo. En caso de producirse acarreo en la suma de los bits de posición n (bit de signo) se suma éste al resultado con peso –k (bit menos significativo). Si el resultado es negativo, bit de signo 1, éste está representado mediante el convenio de complemento a uno. El siguiente ejemplo aclarará lo anteriormente expuesto.

Ejemplo 13.2.

236,125	0 11101100,001
–182,500	1 01001001,011
053,625	1 0 00110101,100
	1
	0 00110101,101

La resta binaria puede realizarse asimismo mediante la adicion del minuendo y el complemento a dos del sustraendo. En caso de producirse acarreo en la suma de los bits de orden n, éste se desprecia. Si el resultado es negativo, este viene representado mediante el convenio de complemento a dos.

13.3. Codigos binarios

Como se indicó en la introducción, un circuito digital ha de procesar informacion, y ello conlleva que sea necesario codificar ésta de forma que exista una correspondencia sistemática y biunívoca entre el valor de la información y una cierta combinación de guarismos. Esta correspondencia constituye un código.

El sistema de numeración más apropiado para los circuitos digitales es el de base dos, por lo que los códigos que se utilicen en aquellos han de ser binarios, esto es, códigos formados por combinaciones de los dos dígitos del sistema binario: el 0 y el 1.

La elección de un determinado código para una aplicación concreta viene condicionada por consideraciones diversas, entre las que cabe destacar la seguridad de funcionamiento, la complejidad del sistema y su velocidad de actuación.

Con n dígitos binarios o bits se pueden formar 2^n combinaciones, por lo que el número máximo de valores de la información que se pueden codificar con n bits es 2^n. La mayoría de los códigos utilizan n bits para representar menos de 2^n valores distintos de la informacion. A medida que esta diferencia va aumentando, resulta una mayor complejidad del circuito digital, obteniéndose a cambio propiedades muy interesantes en cuanto a la codificación, y particularmente la facultad de detectar posibles errores. Estos errores pueden producirse por el cambio, en uno o más bits, de un 0 por un 1 o viceversa.

A continuación se muestran algunos tipos de códigos binarios de frecuente utilización indicando sus características más sobresalientes.

Código binario natural

Consiste este código en representar directamente la información por el equivalente, en sistema de base dos, del numero decimal que representa el valor de la misma.

Códigos decimales codificados en binario (BCD)

En muchas aplicaciones se hace necesario mostrar la información por el numero decimal que la representa. Esta indicación ha de hacerse mediante tantos elementos como dígitos tenga el número decimal a representar y de forma que cada elemento puede representar los diez guarismos del sistema decimal. Una solución muy extendida para estos elementos es el indicador de siete segmentos, de todos conocido por ser el que generalmente se emplea en las calculadoras de bolsillo, y con ello se representan por separado cada uno de los dígitos del número decimal.

TABLA 13.1

	D	C	B	A
0	0	0	0	0
1	0	0	0	1
2	0	0	1	0
3	0	0	1	1
4	0	1	0	0
5	0	1	0	1
6	0	1	1	0
7	0	1	1	1
8	1	0	0	0
9	1	0	0	1

Códigos detectores de error

Cuando la información digital ha de ser transmitida, existe la posibilidad de que, en uno o más de los bits que constituyen el código, se intercambien un 0 y un 1, con lo que la información recibida resulta errónea. Este hecho puede ser ocasionado por la presencia de ruido o por un fallo en el canal de transmisión. Los códigos detectores de error están diseñados generalmente para detectar únicamente el error de un dígito ya que la probabilidad de error en dos o más bits durante la transmision resulta muy reducida.

Un modo muy sencillo de generar un código corrector de error consiste en añadir un bit de paridad, que haga que la suma de los dígitos de cada combinación, incluido dicho bit, sea par o impar. Si como ejemplo se escoge la tabla 13.1 y paridad par, el código resultante para las 4 primeras combinaciones sería:

TABLA 13.2

	E	D	C	B	A
0	0	0	0	0	0
1	1	0	0	0	1
2	1	0	0	1	0
3	0	0	0	1	1

13.4. Puertas lógicas

13.4.1. *Algebra de Boole*

El álgebra de Boole opera con variables que toman únicamente dos valores que, de forma convencional, se designan por 0 y 1. Téngase presente que estos símbolos aquí no representan números, sino dos estados diferentes de un dispositivo. Por ejemplo, si la variable L representa el estado de una lámpara, se puede representar el hecho de que dicha lámpara esté encendida asignando un 1 a la variable L, y un 0 si está apagada.

Este álgebra define tres tipos de operaciones con las variables: a) adición, A+B, b) producto, A•B, y c) complementación, $\overline{A}$ ó A\, todas definidas en la tabla de verdad 13.3. El símbolo de producto suele obviarse.

TABLA 13.3

A B	A+B	A•B	$\bar{A}$	A ⊕B
0 0	0	0	1	0
0 1	1	0	1	1
1 0	1	0	0	1
1 1	1	1	0	0

Se define como función todo conjunto de variables relacionadas entre sí por cualquiera de las tres operaciones definidas, con el orden de prioridad +•\ para sus alcances. Se representa, de forma general, como: f = g(A,B,C,...), siendo ejemplos de funciones:

$f_1=f_1$(A,B,C,...)= A\ •B\ •C\ + A\ •B\ •C + A• B• C

$f_2=f_2$(A,B,C,...)= A + B•(C + D)

13.4.2. *Funciones lógicas elementales*

Las funciones lógicas elementales, también llamadas puertas lógicas, son básicamente seis, estando sus símbolos representados en la fig. 13.2:

a) Función OR (O), corresponde a la adición booleana.

b) Función AND (Y), asociada al producto booleano.

c) Función NO (NO), se asimila a la complementación y la puerta lógica que la realiza se denomina inversor. El símbolo de la misma es un conjunto de dos símbolos, por una parte el triángulo, que significa amplificador de corriente («buffer»), y por otra, el círculo, que significa inversión.

d) Función NOR (NO O), complemento de la función OR.

e) Función NAND (NO Y), complemento de la función AND.

f) Función OR exclusiva, A ⊕B=AB\+A\B, cuya tabla de verdad se muestra en la tabla 13.3.

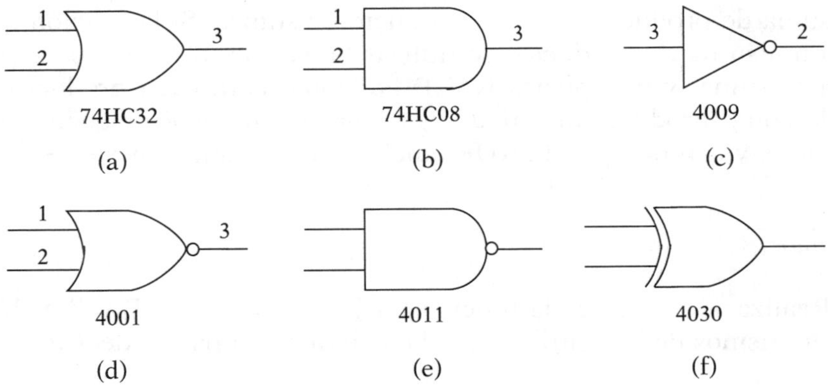

Figura 13.2. (a) puerta OR; (b) AND; (c) NO; (d) NOR; (e) NAND; (f) OR exclusiva.

13.5. Circuito combinacional: aplicaciones

13.5.1. Introducción

Los circuitos combinacionales son aquellos sistemas lógicos cuya salida o salidas (S) dependen en todo momento de los valores binarios que adopten las variables de entrada (E). Es decir, un sistema combinacional es la realización física de funciones booleanas, $S_j = f(E_i ,i=0,1,..n-1)$ con $j=0,1,..,m-1$. Se pueden caracterizar bien mediante ecuación o bien por tabla de verdad, que representa todas las posibles combinaciones de las variables de entrada y asigna a cada una de ellas el valor correspondiente de la función.

A partir de la tabla de verdad se puede obtener una función algebraica en dos formas canónicas. La **primera forma canónica** es suma de productos canónicos, es decir, suma de productos en los que aparecen todas las variables, bien complementadas o sin complementar. La **segunda forma canónica** es producto de sumas canónicas. Esa función algebraica se puede simplificar aplicando directamente las leyes del Álgebra de Boole, o bien, sistemáticamente, a través de metodos de reducción como es el caso del Mapa de Karnaugh.

A la hora de realizar físicamente los circuitos combinacionales a partir de su función booleana, se puede siempre conseguir que existan únicamente dos puertas conectadas en cascada a lo largo de cualquier camino entrada-salida, sin más que realizar la función expresada como suma de productos o como producto de sumas. Si la función queda como suma de productos se utilizará una puerta NAND para producir la suma, y una puerta NAND adicional para cada producto. Si queda como producto de sumas, con una puerta NOR se generará el producto, y con una puerta NOR adicional cada suma parcial.

Ejemplo 13.3.

Realización física de la función booleana f = ABC + BA\ (fig. 13.3. Los guarismos de las entradas y salidas indican la patilla del C.I.).

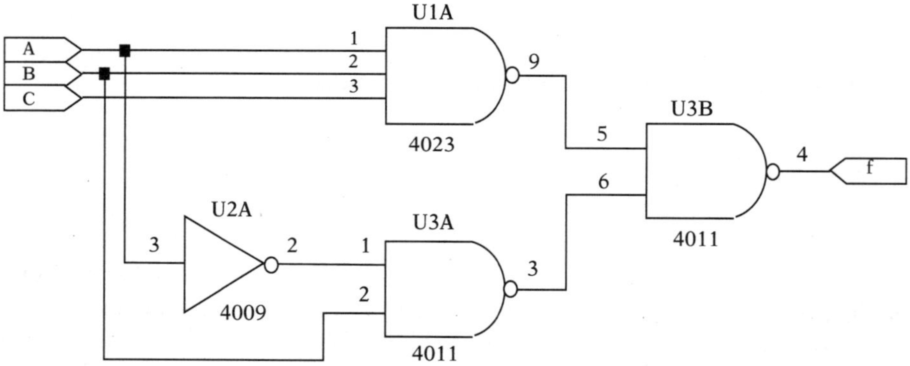

Figura 13.3

13.5.2. *Aplicaciones de los circuitos combinacionales*

A lo largo de este apartado se van a describir, en forma muy resumida, los principales tipos de circuitos combinacionales en integración MSI disponibles comercialmente.

Decodificador

Se aplica esta denominación a aquellos circuitos combinacionales en los que, siendo **n** el número de sus entradas de código, se presentan como máximo $\mathbf{2^n}$ salidas.

Por ejemplo, el circuito decodificador 74HC138, (fig. 13.4), posee tres entradas A, B y C, y presenta ocho salidas, Y0, Y1, Y2, Y3, Y4, Y5, Y6 e Y7. Su tabla de verdad se muestra en la tabla 13.4, pudiéndose observar la función de habilitación que poseen las otras entradas.

Los términos H y L constituyen otro modo de representar los niveles alto y bajo de tensión y, por consiguiente, se corresponden con 1 y 0, respectivamente. El término X significa «indiferente», es decir, no importa el valor que toma la variable. Los terminales GND y VCC son los de masa y alimentación positiva, respectivamente.

Generalmente se encuentran decodificadores BCD a decimal, es decir, con cuatro líneas de entrada (código BCD, de 0 a 9) y diez salidas (Q0 a Q9).

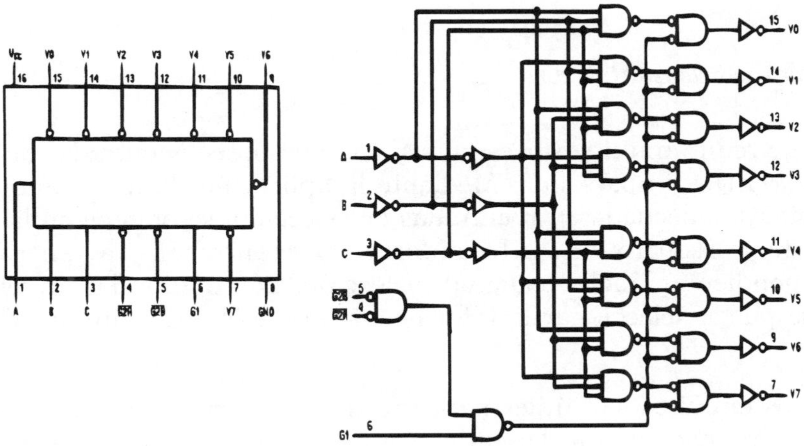

Figura 13.4. Diagrama de conexiones y lógico del 74HC138.

TABLA 13.4

Entradas *Habil.*		*Sel.*			*Salidas*							
G1	G2\	C	B	A	Y0	Y1	Y2	Y3	Y4	Y5	Y6	Y7
X	H	X	X	X	H	H	H	H	H	H	H	H
L	X	X	X	X	H	H	H	H	H	H	H	H
H	L	L	L	L	L	H	H	H	H	H	H	H
H	L	L	L	H	H	L	H	H	H	H	H	H
H	L	L	H	L	H	H	L	H	H	H	H	H
H	L	L	H	H	H	H	H	L	H	H	H	H
H	L	H	L	L	H	H	H	H	L	H	H	H
H	L	H	L	L	H	H	H	H	H	L	H	H
H	L	H	H	L	H	H	H	H	H	H	L	H
H	L	H	H	H	H	H	H	H	H	H	H	L

Multiplexor y demultiplexor

Un circuito multiplexor es un sistema que posee N entradas de informacion (D) y una salida. Mediante la aplicación de una combinación binaria adecuada en **n** entradas de selección, se obtiene en la salida del circuito la información presente en la entrada correspondiente a dicho código de selección. Con **n** entradas de selección se puede seleccionar la información desde $N = 2^n$ entradas diferentes.

Estos circuitos son útiles para transmitir información funcionando en combinación con demultiplexores, circuitos éstos que realizan la función opuesta. El demultiplexor hace aparecer sobre la salida seleccionada, de las N salidas existentes, la información presente en la entrada. Puede así utilizarse únicamente una línea para transmitir información procedente de varias fuentes. Al final de la línea un circuito demultiplexor es capaz de separar la información correspondientes a cada canal.

En el caso del multiplexor 74HC151 (fig. 13.5), existen 8 entradas de datos (D_0...D_7), una salida y su complemento, y una entrada de habilitación (STROBE). Su funcionamiento está descrito en la tabla 13.5.

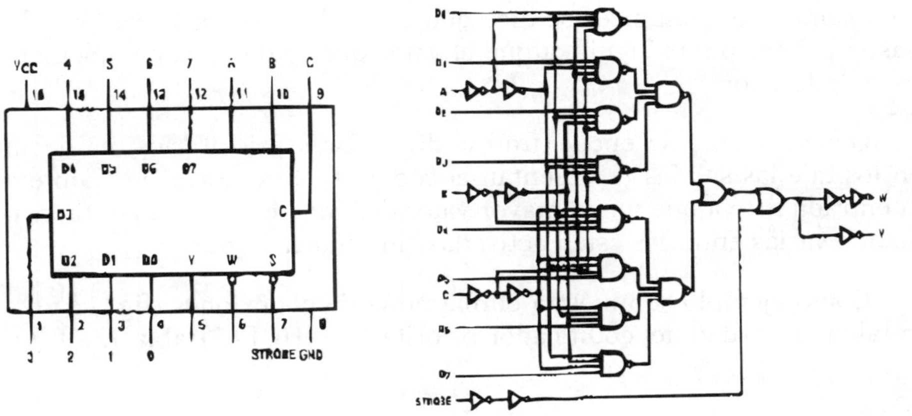

Figura 13.5. Diagrama de conexiones y lógico del 74HC151.

TABLA 13.5

Entradas *Strobe*	*Sel.*	*Salidas*	
S	C B A	Y	W
H	X X X	L	H
L	L L L	D0	D0\
L	L L H	D1	D1\
L	L H L	D2	D2\
L	L H H	D3	D3\
L	H L L	D4	D4\
L	H L H	D5	D5\
L	H H L	D6	D6\
L	H H H	D7	D7\

Codificador.

Realiza la función opuesta al decodificador, es decir, poseen 2^n líneas de entrada, y n líneas de salida que representan el código binario correspondiente a la línea de entrada activa en ese momento. En el caso de las entradas, si aparece un símbolo de inversión en esa línea dentro del diagrama de conexiones o bien la expresión que lo representa está complementada, se dice que el nivel activo es 0. Si por el contrario ni existe ese símbolo de inversión ni la expresión aparece complementada, entonces se dice que el nivel activo es 1. En las salidas el primer punto significa que el valor que se da es el complemento de la función.

Generalmente se encuentran codificadores prioritarios, es decir, en los que las salidas representan el código binario correspondiente a la entrada activa que tenga mayor valor decimal, en el caso conflictivo de que varias entradas estén activadas simultaneamente.

Como ejemplo se muestra el diagrama de conexiones (fig. 13.6), y la tabla de verdad del codificador prioritario 74HC147 (tabla 13.6).

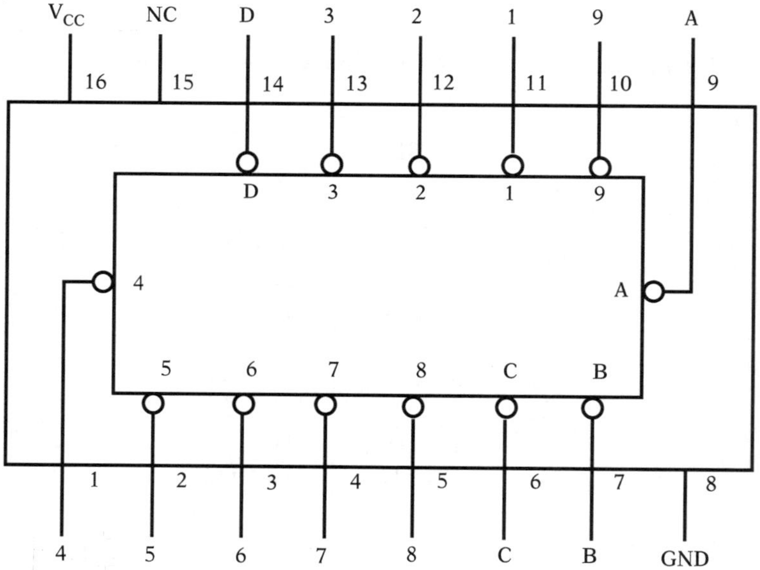

Figura 13.6. Diagrama de conexiones del codificador 74HC147.

Convertidores de código

Estos circuitos proporcionan en su salida un código diferente al presente en las señales de entrada. Un caso típico es el circuito que transforma el código BCD presente en sus cuatro líneas de entrada, en el código apropiado para activar un indicador luminoso de siete segmentos (ej. CI CMOS 4543).

TABLA 13.6

Entradas									*Salidas*			
1	2	3	4	5	6	7	8	9	D	C	B	A
H	H	H	H	H	H	H	H	H	H	H	H	H
X	X	X	X	X	X	X	X	L	L	H	H	L
X	X	X	X	X	X	X	L	H	L	H	H	H
X	X	X	X	X	X	L	H	H	H	L	L	L
X	X	X	X	X	L	H	H	H	H	L	L	H
X	X	X	X	L	H	H	H	H	H	L	H	L
X	X	X	L	H	H	H	H	H	H	L	H	H
X	X	L	H	H	H	H	H	H	H	H	L	L
X	L	H	H	H	H	H	H	H	H	H	L	H
L	H	H	H	H	H	H	H	H	H	H	H	L

Sumador binario natural

Dados dos números binarios A y B de un solo dígito, es decir, que pueden adoptar únicamente los valores 1 y 0, su suma aritmética tendrá un valor máximo de 2 y por consiguiente es necesario utilizar un número binario de dos dígitos para su representación. Si se llama S_0 al digito menos significativo y C_0 al de mayor peso, sus funciones booleanas resultan ser: $S_0 = A \oplus B$ y $C_0 = AB$.

Para obtener un sumador de dos números con más de un dígito ($A_{n-1}A_{n-2}..A_0$ y $B_{n-1}B_{n-2}..B_0$), será preciso partir, no del sumador anterior, sino de un sumador básico que sume los dígitos A_j y B_j junto con el acarreo C_{j-1}, generando la salida S_j y el acarreo C_j. Conectando en cascada n bloques similares se obtiene un sumador de n bits.

En general los circuitos disponibles comercialmente son sumadores de 4 bits y, para disponer de un sumador de mayor número de bits, es preciso conectarlos en cascada. A cada circuito le hace falta el acarreo C_3 del anterior, por ello y con el fin de acelerar su generación, los sumadores comerciales generalmente incluyen una circuitería adicional que genera rápidamente ese acarreo a partir de las entradas (74HC283). Se los denomina «sumadores con acarreo rápido o paralelo», mientras que a los que no lo poseen se les refiere como «sumadores de acarreo serie».

Comparador binario

Es el circuito que discrimina si un número binario A es mayor, igual o menor que otro número B. Comercialmente se encuentran disponibles comparadores de 4 bits, siendo ese el caso del circuito integrado 74HC85, (fig. 13.7), cuya tabla de verdad se muestra en la tabla 13.7.

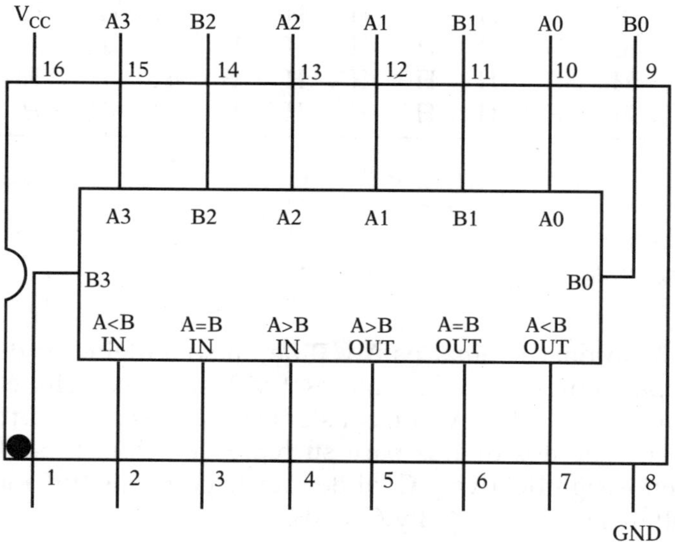

Figura 13.7. Diagrama de conexiones del comparador 74HC85.

Generador de paridad

Una operación aritmética que se encuentra frecuentemente en sistemas digitales es la de determinar si la suma de los bits de una información es impar o par (74HC280, 9 bits), lo cual, como ya se mencionó, permite detectar errores de un bit en transmisión de información digital.

TABLA 13.7

Entradas de comparación				*Entradas adicionales*			*Salidas*		
A3, B3	A2, B2	A1, B1	A0, B0	A>B	A<B	A=B	A>B	A<B	A=B
A3>B3	X	X	X	X	X	X	H	L	L
A3<B3	X	X	X	X	X	X	L	H	L
A3=B3	A2>B2	X	X	X	X	X	H	L	L
A3=B3	A2<B2	X	X	X	X	X	L	H	L
A3=B3	A2=B2	A1>B1	X	X	X	X	H	L	L
A3=B3	A2=B2	A1<B1	X	X	X	X	L	H	L
A3=B3	A2=B2	A1=B1	A0>B0	X	X	X	H	L	L
A3=B3	A2=B2	A1=B1	A0<B0	X	X	X	L	H	L
A3=B3	A2=B2	A1=B1	A0=B0	H	L	L	H	L	L
A3=B3	A2=B2	A1=B1	A0=B0	L	H	L	L	H	L
A3=B3	A2=B2	A1=B1	A0=B0	X	X	H	L	L	H
A3=B3	A2=B2	A1=B1	A0=B0	H	H	L	L	L	L
A3=B3	A2=B2	A1=B1	A0=B0	L	L	L	H	H	L

13.6. Circuitos secuenciales: bloques SSI

Los circuitos secuenciales son aquellos circuitos electrónicos cuyas salidas (S) en cualquier momento no son sólo función del valor de las señales de entrada (E) en ese instante, sino también de su evolución hasta ese instante, es decir, de la secuencia de entradas a que ha estado sometido.

Un circuito secuencial se caracteriza por su capacidad de responder de distinta forma a diferentes secuencias de entrada. Para que el circuito pueda discriminar entre diferentes secuencias, que en un instante dado pueden presentar idénticos valores de las variables de entrada, es necesaria la existencia de unas variables internas (Q) que guarden información sobre la **historia del circuito**. Al producirse una modificación del valor de las entradas en un momento dado y, teniendo en cuenta el valor de las variables internas, el circuito responde proporcionando unas salidas y modificando sus variables internas para tomar en cuenta esa nueva entrada, continuación de la secuencia.

Todo circuito secuencial se puede reducir a dos circuitos combinacionales y a unos elementos de almacenamiento de los valores de las variables internas (biestables o memorias de 1 bit). Los circuitos combinacionales, para todo instante T, responden a las siguientes ecuaciones:

$$S_{jT} = f_j(E_{iT}, Q_{kT}) \qquad j=0..m-1,\ i=0..n-1,\ k=0..r-1$$

$$Q_{k(T+\Delta T)} = g_k(E_{iT}, Q_{kT}) \qquad i=0..n-1,\ k=0..r-1$$

donde la primera ecuación representa la etapa de salida, y la segunda la actualización de las variables internas.

Los circuitos secuenciales se pueden clasificar en tres grandes grupos: asíncronos, asíncronos sincronizados y síncronos.

En los sistemas secuenciales **asíncronos**, los cambios de salidas y de estado se producen en cuanto están presentes las entradas adecuadas, con los retrasos inherentes a los tiempos de propagación de los dispositivos lógicos utilizados.

En un sistema secuencial **asíncrono sincronizado**, los cambios de las salidas sí se producen cuando aparece la combinación de entradas adecuada, pero los cambios de estado sólo tienen lugar cuando, además de estar presentes los valores de entradas necesarios, se produce la transición activa de una cierta señal digital de frecuencia constante, compartida por todos los biestables del sistema y que sincroniza su funcionamiento. Esta señal se denomina, por esta razón, **reloj** del sistema («clock») y los cambios de estado se producen bien en sus transiciones de 0 a 1, o bien de 1 a 0, pero no en ambas. Como ya se observará más adelante, en este último caso aparece un símbolo de inversión en la línea de reloj dentro del diagrama de conexiones.

Los sistemas secuenciales **síncronos** difieren de los anteriores en que las salidas también están sincronizadas con la señal de reloj. Para ello es preciso modificar la ecuación del circuito combinacional de salida, quedando:

$$S_{jT} = f_j(Q_{kT}) \qquad j=0..m-1,\ k=0..r-1$$

La elección de un cierto tipo de circuito secuencial depende principalmente de la naturaleza del problema a resolver y de la magnitud y complejidad del mismo. Si éste es grande y existen muchos circuitos con tiempos de propagación diferentes, puede convenir la utilización de un sistema síncrono en el que la frecuencia del reloj esté adaptada a la frecuencia de conmutación del dispositivo más lento, logrando con ello evitar problemas de retrasos en las señales y transiciones o salidas indeseables por dicha causa. Asimismo, la naturaleza del sistema puede imponer un sistema síncrono (circuitos de tratamiento de información, transmisión de datos, contadores, etc.).

13.6.1. *Biestable RS o memoria básica de 1 bit*

La forma más elemental de célula de memoria, capaz de almacenar el estado binario de una variable, se conoce con el nombre de biestable RS; sus dos posibles diagramas lógicos se representan en la fig. 13.8.

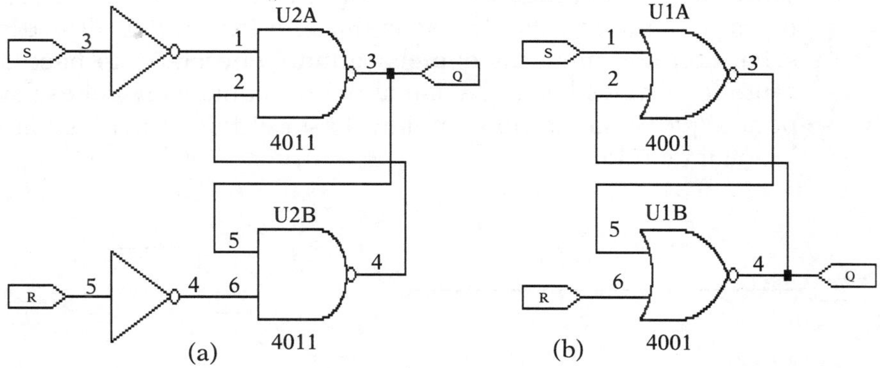

Figura 13.8. Diagramas lógicos de un biestable RS.

Un 1 en el terminal S pone la salida Q a nivel alto, mientras que un 1 en el terminal R la pone a cero. Si ambas entradas están a cero, el biestable conserva indefinidamente el valor almacenado. Si ambas entradas están a 1, la salida pasa a 1 para el caso de la fig. 13.8a, mientras que si se trabaja con la fig. 13.8b se obtiene 0.

Biestable RS sincronizado.

Cuando se ha de ulilizar el biestable como componente de un sistema secuencial síncrono, la forma de funcionamiento de estos sistemas exige que el biestable no ejecute la orden representada por sus entradas hasta que no se produzca la transición oportuna en el reloj que controla el sistema.

El biestable RS visto anteriormente es asíncrono, luego para su utilización en sistemas síncronos es preciso «sincronizarlo». Se utilizan las dos soluciones siguientes:

— Disparo por flanco («edge-triggered»). Consiste en la generación interna de un impulso de muy corta duración a partir de un flanco del impulso de reloj. La duración del impulso generado es igual al tiempo de propagación de un inversor, como puede verse en la fig. 13.9 para flanco de subida activo y suponiendo que los tiempos de subida y bajada son nulos. Tiene la limitación de que la frecuencia del reloj debe ser menor que la frecuencia de conmutación del inversor.

— Maestro-esclavo («master-slave») (fig. 13.10). Se utilizan dos biestables en cascada. En esta figura el primero de ellos, el maestro, se abre a las entradas durante los niveles altos de la señal de reloj, mientras que el segundo, el esclavo, lo hace durante los niveles bajos. La salida del biestable es la del esclavo, por lo que la salida no cambiará hasta el flanco del bajada de la señal de reloj.

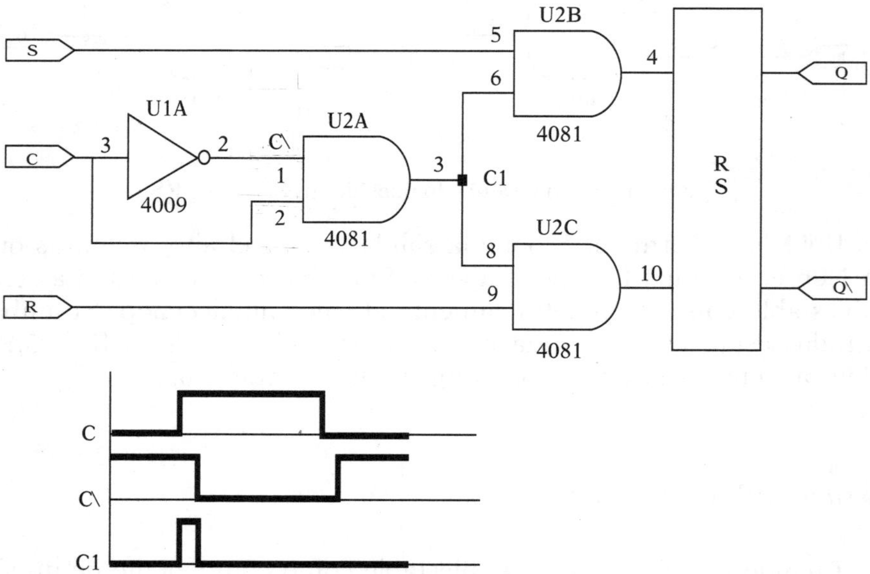

Figura 13.9. Biestable RS síncrono con disparo por flanco.

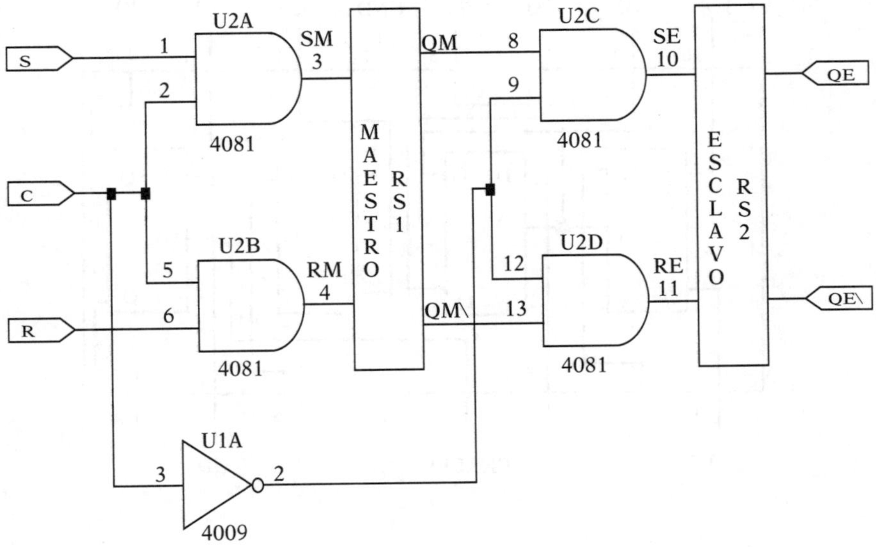

Figura 13.10. Biestable RS síncrono maestro-esclavo.

13.6.2. *Biestable T*

Un tipo de biestables que se puede obsevar en la estructura de contadores, pero no comercialmente disponible, es el biestable T («toggle»). Estos biestables cambian de estado durante los pasos de 0 a 1 o de 1 a 0, no en ambos, de una señal de entrada designada como T.

13.6.3. *Biestable LATCH*

Son utilizados frecuentemente en los circuitos de tratamiento de datos y su funcionamiento es el siguiente (74HC75, fig. 13.11): la salida S sigue a la entrada D en tanto la señal de control G está a nivel activo; cuando pasa a nivel inactivo, el biestable queda enclavado con la información de ese instante. G actúa como enclavamiento («latch»).

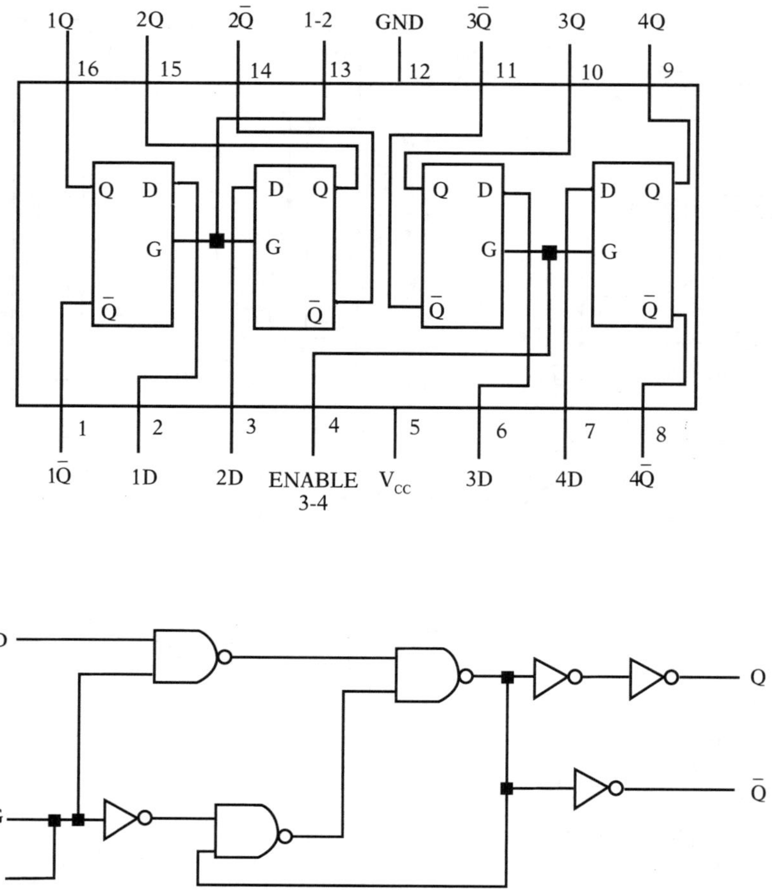

Figura 13.11. Diagrama de conexiones y lógico del CI74HC75.

13.6.4. *Biestable D*

La información presente en la entrada D se transfiere a la salida en los flancos activos de la señal de reloj G (74HC373, flanco de bajada, fig. 13.12). La señal de control permite el trabajo normal cuando está en nivel bajo y sitúa las salidas en tri-estado cuando se dispone en nivel alto.

El término de tri-estado indica que la salida se encuentra, no en 1 o en 0, sino en estado de alta impedancia, similar a circuito abierto, aislada de lo conectado exteriormente a ese terminal.

13.6.5. *Biestable JK*

Equivale a un biestable RS sincronizado donde el terminal J sería S y K se correspondería con R. La única diferencia es que, ante la situación de ambas entradas iguales a 1, el biestable JK cambia siempre su salida.

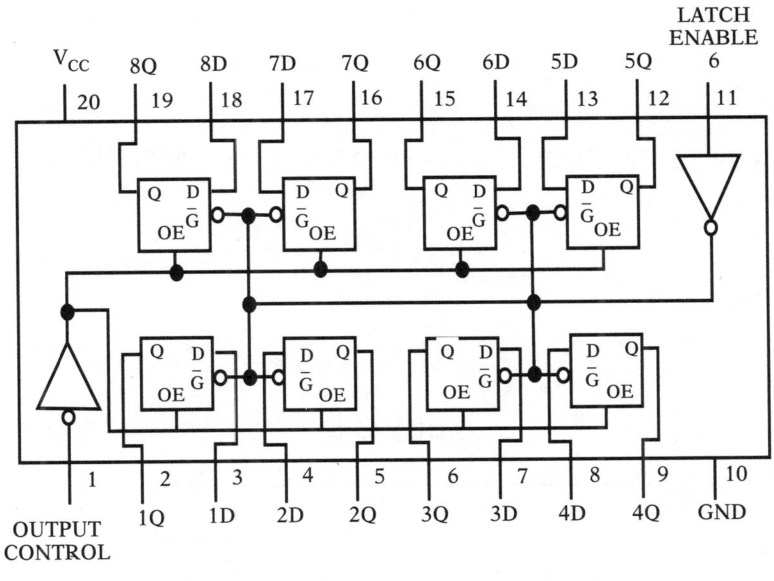

Figura 13.12. Diagrama de conexiones del CI 74H373.

Como muestra, se proporciona la tabla de verdad del circuito integrado 74HC73 (↓, flanco de bajada activo), que dispone de una entrada asíncrona de puesta a cero (CLR). Véase la tabla 13.8.

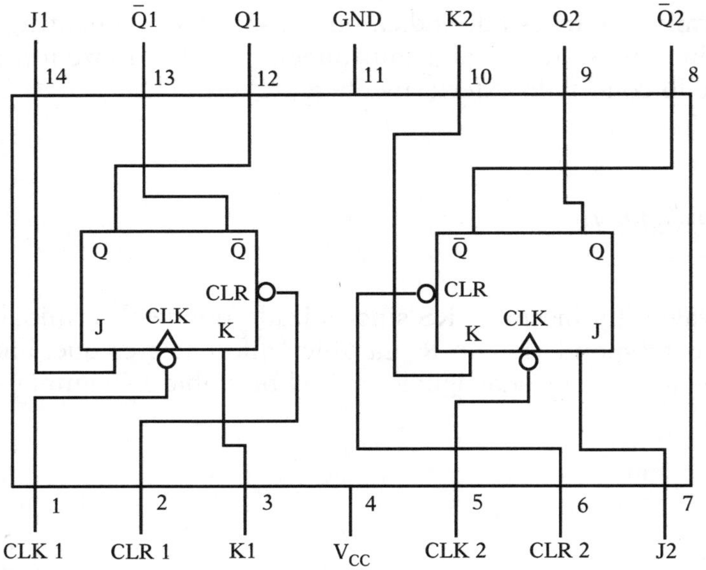

Figura 13.13. Diagrama de conexiones del CI biestable 74HC73.

TABLA 13.8

Entradas				*Salidas*	
CLR	CLK	J	K	$Q_{T+\Delta T}$	$Q_{T+\Delta T}\backslash$
L	X	X	X	L	H
H	↓	L	L	Q_T	$Q_T\backslash$
H	↓	H	L	H	L
H	↓	L	H	L	H
H	↓	H	H	$Q_T\backslash$	Q_T
H	H	X	X	Q_T	$Q_T\backslash$

13.7. Circuitos secuenciales: bloques MSI y LSI

13.7.1 *Contadores*

Son un amplio grupo de sistemas secuenciales de aplicación general y complejidad media. Un contador puede definirse como un circuito secuencial cuya salida representa, en un código adecuado, el número de impulsos que han aparecido en la entrada.

En general, cuando el contador ha llegado al valor representativo de su capacidad de conteo máxima, al llegar el siguiente impulso se ponen a cero sus salidas y se reinicia el ciclo. Puede presentar también: a) entrada asíncrona de puesta a cero de todos sus biestables; b) entrada de inhibición de los impulsos de contaje, con lo cual se enclavan las salidas; c) posibilidad de cargarse en paralelo, es decir, de tomar inicialmente la información presente en unas líneas de entrada; d) salida para conexión en cascada de varios contadores («ripple carry, RC»), etc...

Como ejemplo se presenta el contador en código BCD 74HC160, (fig.13.14), que incluye todos esos tipos de entrada mencionados. Su tabla de verdad aparece en la tabla 13.9.

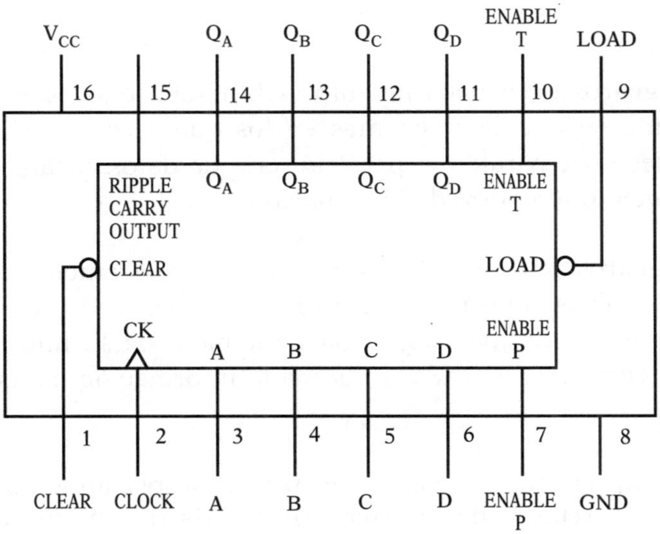

Figura 13.14. Diagrama de conexiones del contador 74HC160.

TABLA 13.9

CK	CLR	ENP	ENT	LOAD	Función
X	L	X	X	X	Pone a cero todas las salidas
X	H	H	L	H	Cuenta y salida RC eliminadas
X	H	L	H	H	Cuenta impedida
X	H	L	L	H	Cuenta y salida RC eliminadas
↑	H	X	X	L	Carga paralelo
↑	H	H	H	H	Incremento del contador

Los contadores pueden funcionar incrementando su contenido en cada impulso (contadores «up»), como es el caso del ejemplo anterior, o bien, decrementando (contadores «down»). En este último caso, si el contador está a cero y llega un impulso, se cargará a su valor máximo. Existen también contadores que pueden funcionar de ambas formas, habiendo una entrada adicional que controla el sentido ascendente o descendente de funcionamiento.

13.7.2. *Registros de deplazamiento*

Los registros de desplazamiento («shift registers») son utilizados ampliamente en aquellos sistemas en los que es necesario efectuar conversiones serie-paralelo o paralelo-serie de datos, y también como almacenamiento temporal de información.

Los registros de desplazamiento consisten básicamente en una cadena de biestables conectados de tal forma que cuando se produce la transición de la señal de reloj, cada biestable cede su información al biestable siguiente en la cadena y toma la información del que lo precede.

Operando de esta forma, el registro de desplazamiento funciona como línea de retardo de información binaria de un solo dígito. En efecto, la variable de entrada aplicada al primer biestable aparecerá a la salida del último al cabo de un número de impulsos de reloj igual al número de biestables que componen la cadena.

Generalmente los registros de desplazamiento están dotados de una entrada que activa un proceso de carga de los biestables con la información presente en las líneas de entrada de carga en paralelo. Estos datos aparecen secuencialmente en la salida coincidiendo con las transiciones del reloj. Se realiza, por lo tanto, una conversión paralelo-serie (véase en la Fig. 13.15 el registro de desplazamiento 74HC165 y en la tabla 13.9 su tabla de verdad).

Para la conversión opuesta se introduce la información de manera secuencial a la entrada del primer biestable. Al cabo de un número de transiciones de reloj igual al número de biestables, todos ellos estarán cargados y su contenido estará disponible simultáneamente, en paralelo, en las salidas individuales que serán accesibles (no es el caso del CI mostrado en el ejemplo).

Comercialmente hay disponibles registros de desplazamiento reversibles, es decir, que pueden desplazar la información de izquierda a derecha o viceversa, según el estado de una entrada de control.

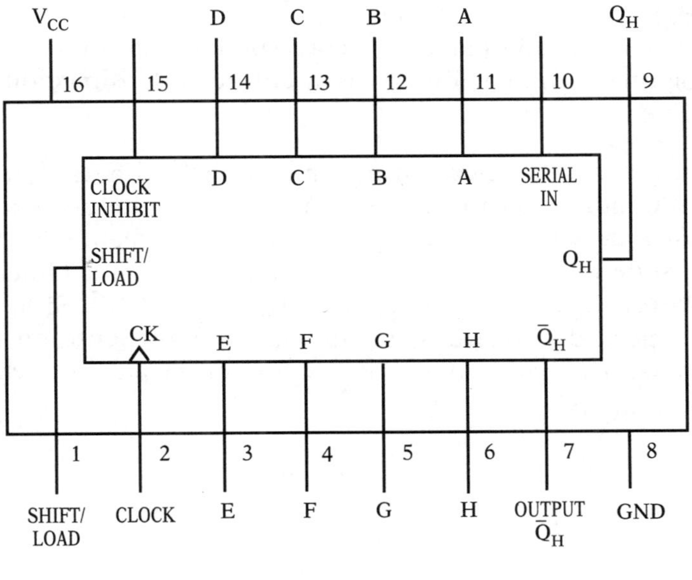

Figura 13.15. Diagrama de conexiones del CI 74HC165.

TABLA 13.9

Entradas					*Salidas* *Internas*		*Externas*
SH/L	CKI	CLK	SIN	A...H	$Q_{A(T+\Delta T)}$	$Q_{B(T+\Delta T)}$..	$Q_{H(T+\Delta T)}$
L	X	X	X	a...h	a	b...	h
H	L	L	X	X	Q_{AT}	Q_{BT}	Q_{HT}
H	L	↑	H	X	H	Q_{AT}	Q_{GT}
H	L	↑	L	X	L	Q_{AT}	Q_{GT}
H	H	X	X	X	Q_{AT}	Q_{BT}	Q_{HT}

13.7.3. *Memorias*

De modo general, una memoria se puede considerar constituida por un conjunto de X células de almacenamiento de información de un bit, cuyo valor puede ser extraído (operación de lectura) y modificado (operación de escritura). Si los bits se agrupan de N en N ($B_{N-1}...B_0$), existirán M grupos o palabras («bytes»), verificándose que MxN = X. A cada palabra le corresponde una dirección determinada por una combinación de las n entradas de dirección, $A_{n-1}...A_0$, siendo 2^n=M.

Al disponer una dirección cualquiera en las líneas de entrada de dirección e indicar operación de lectura, un circuito decodificador activa la línea de selección de la palabra correspondiente e inhibe todas las demás, de modo que su información aparece en las líneas exteriores de datos, $D_{N-1}...D_0$ ($D_{N-1}=B_{N-1},...,D_0=B_0$), (fig. 13.16). Si la operación deseada fuera de escritura, la información presente en las líneas de datos sería almacenada en los N bits de la palabra seleccionada ($B_{N-1}=D_{N-1},...,B_0=D_0$).

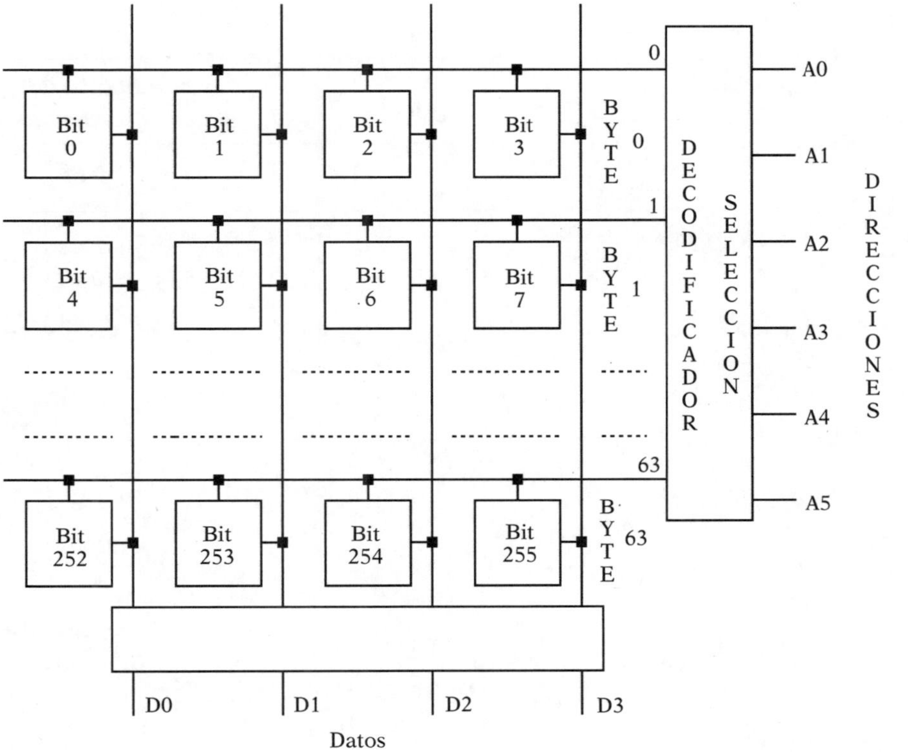

Figura 13.16. Estructura interna de una memoria de 64x4 bits.

CAPÍTULO 14

Objetivos

Generales

Introducción a las partes fundamentales de un microordenador. Introducción a las tecnologías de fabricación de componentes y placas electrónicas.

Específicos

— Descripción de la unidad central de procesos.

— Memorias de semiconductores. Tipos. Organización de una memoria.

— Dispositivos de entrada y salida. Dispositivos específicos.

— Tecnologías de fabricación.

— Descripción de los diferentes medios de realización de circuitos integrados.

— Técnicas de ensamblado o montaje.

14. MICROCOMPUTADORES Y TECNOLOGÍAS DE FABRICACIÓN DE CIs

14.1. Introducción

Un sistema basado en microprocesador es aquel que a partir de un programa, instrucciones de operaciones a realizar almacenadas en memoria, es capaz de realizar una serie de funciones y operaciones predeterminadas.

El diagrama de bloques básico de un sistema basado en microprocesador se puede apreciar en la fig. 14.1.

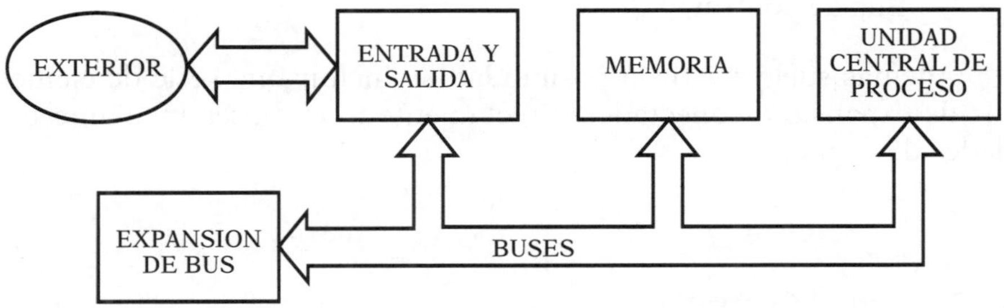

Figura 14.1. Bloques existentes en un sistema microprocesador.

Los bloques básicos son:

- *Unidad Central de Proceso (CPU)*

Esta unidad se encarga de las operaciones aritméticas y lógicas, así como del control de la secuencia de operaciones en realización, realizándose mediante un circuito microprocesador.

- *Memoria*

Es el medio de almacenamiento del programa a ejecutar, así como de los datos de información necesarios para la correcta ejecución del mismo.

- *Entrada y Salida*

Este bloque permite la comunicación entre el sistema y el mundo exterior, permitiendo suministrar u obtener información del sistema. Las entradas pueden ser teclados, monitores sensibles al tacto, sistemas de almacenamiento (discos o cintas) de información, unidades de conversión analógico-digital, ... Las salidas pueden ser monitores, listados de papel, sistemas de almacenamiento (discos o cintas), unidades de conversión digital-analógica, altavoces, ... Tanto las entradas como las salidas poseen registros de almacenamiento de información.

- *Buses (o barras de comunicación)*

Interconectan los distintos bloques del sistema basado en microprocesador, estando formados por conjuntos en paralelo de líneas de información digital. Suelen existir al menos tres buses:

— Bus de direcciones
— Bus de datos
— Bus de control

Además suele existir la posibilidad de incluir una serie de elementos de expansión, conectados directamente a los buses mediante unidades de expansión.

14.2. Unidad Central de Proceso

Este dispositivo conocido generalmente por CPU (Central Processing Unit), es el encargado de realizar las funciones de control de todo el proceso desarrollado por un sistema basado en microprocesador. Es por así decirlo el elemento esencial y el que de alguna manera condiciona decisivamente las prestaciones y la velocidad del sistema.

El primer microprocesador que salió al mercado fue el 4004 de Intel en 1971. Era un procesador de cuatro bits. Un año más tarde salía el primero de ocho bits, el 8008, también de Intel. A partir de esta fecha, ha existido una auténtica explosión de diferentes tipos de microprocesadores. A partir de entonces prácticamente todo aquel interesado o que haya trabajado con un ordenador personal habrá oído hablar en conceptos tales como: «procesador de 32 bits con un bus de 16 bits», «CPU de 16 bits trabajando a 33 MHz», etc...

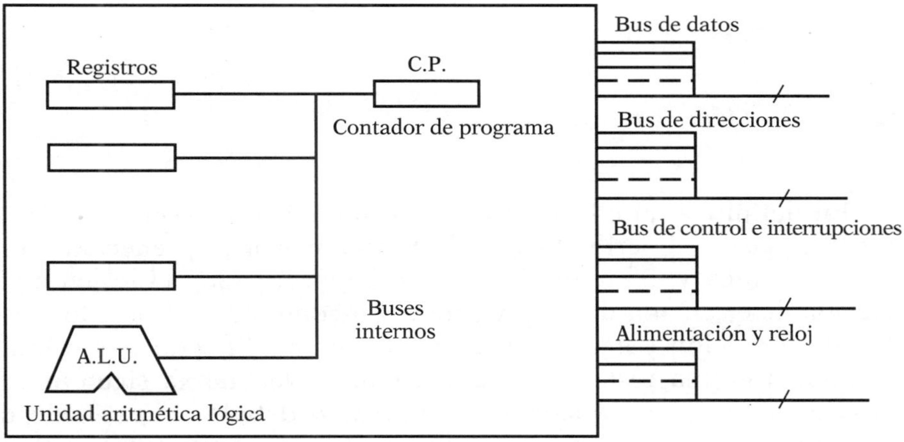

Figura 14.2. Descripción interna de una CPU.

Sin embargo y para mejor poder responder a estas preguntas sería conveniente, en primer lugar, analizar la constitución y el funcionamiento de una «CPU» genérica, según se ha representado en la figura 14.2.

14.2.1. *Registros*

Los registros de que dispone una CPU pueden ser de varios tipos y concebidos para desempeñar diferentes tipos de funciones. Pueden ser *«acumuladores»*, utilizados para el almacenamiento de un dato procedente del «bus» de datos, o como almacenamiento de una información en una operación intermedia o para el almacenamiento de un resultado de una operación. También pueden ser registros decodificadores de operaciones o de instrucciones, registros intermedios o «buffers» para unidades de entrada y salida, etc...

En definitiva, los registros son los que normalmente proporcionan el tamaño de la palabra a procesar, y se encuentran en relación directa con el tamaño de los buses de datos y de direcciones. Básicamente se puede decir que del tamaño de estos registros depende que la CPU sea de 8, 16, 32, 64... bits. Como fácilmente se puede comprender, la potencia de cálculo varía enormemente de procesar información de «8 en 8» bits a procesar de «16 en 16», de «32 en 32», etc...

14.2.2. *Contador de programa*

En definitiva, el contador de programa, es otro registro más de la CPU, pero se describe fuera del grupo anterior por tener una función específica y diferente. Es el registro encargado del orden o secuencia de ejecución de un programa. Su contenido, y con ello el orden de ejecución del programa, puede ser modificado por el reloj cuando, tras una instrucción, corresponde ejecutar la siguiente, la correlativa. También puede ser modificado debido al resultado de una operación del programa (modificación por «software») es decir cuando el propio programa impone una condición de salto o bifurcación, condicional o no, etc... Por último, por la acción de una señal externa de «hardware» de las denominadas *«interrupciones»*, es decir, por cambios en la ejecución del programa que son solicitados o impuestos por modificaciones en los niveles de tensión de determinados «pines» o patillas del «chip» o dispositivo que configura la CPU.

Una consecuencia inmediata del propio funcionamiento del Contador de Programa es que la velocidad o frecuencia de funcionamiento del reloj condiciona la velocidad de procesamiento de información de la CPU, que no su potencial, que viene además condicionado por el tamaño de los registros y de los buses de comunicación.

A continuación se incluye la secuencia de operaciones básica de un sistema basado en un microprocesador:

1) Inicialización del sistema, chequeo y carga de la dirección de memoria inicial de la ejecución del programa.

2) Búsqueda de la información de la instrucción a ejecutar en la memoria, que está determinada por el registro Contador de Programa.
   2.1) Incremento automático del Contador de Programa.

3) Traducción de la operación a realizar: puede ser de tipo aritmético-lógico (realización de una operación en la ALU), de transferencia de información (de o hacia la memoria o elemento de almacenamiento), de entrada o salida, de salto o ruptura de la operación del programa, y finalmente de control (alto, interrupción, ...).

4) Según el tipo de instrucción, se ejecuta la operación determinada.

5) De forma asíncrona se atienden las peticiones de interrupciones exteriores.

6) Repetición del paso número 2, hasta que una instrucción de control de parada o interrupción modifique el flujo de operaciones.

14.2.3. *Buses de comunicación*

Los buses de comunicación son el medio físico por el que se pueden conectar dos registros. Son un conjunto de líneas o canales para transmitir la información. Estos «buses» de comunicación tienen un tamaño que se encuentra en estrecha relación con el de los registros que interconectan.

Los buses de comunicación pueden ser internos y externos. Los primeros son los encargados de comunicar los registros, la Unidad Aritmética Lógica y la información procedente del exterior con todos los registros internos de la CPU. Son, por así decirlo, el sistema de comunicación interna del propio «chip», lógicamente estrechamente unido a la arquitectura de la CPU y estrechamente ligado con la potencia y capacidad de cálculo del sistema.

Los buses de comunicación externa básicamente son tres:

— El bus de datos, por el cual fluye la información de datos del programa e instrucciones del mismo programa siempre al ritmo marcado por el reloj y en perfecto sincronismo con las órdenes emanadas de la CPU. Es un bus bidireccional, es decir, la información fluye tanto de las posiciones de memoria del sistema a la CPU como de la CPU hacia el exterior. Por regla general, el tamaño del bus de datos coincide con el de los registros internos de la CPU, o cuando se encuentra frente a un cambio de tecnología inminente, con la mitad del tamaño de los registros internos.

— El bus de direcciones se encarga de seleccionar, desde la propia CPU, las posiciones de memoria externas en donde se podrán encontrar datos para operaciones, datos de información procedente de unidades de E/S, instrucciones de programación, etc... De la misma forma que el tamaño del bus de datos condiciona o influye en la velocidad del sistema, el tamaño del bus de direcciones se encuentra relacionado con el tamaño de la memoria que de una manera directa se puede acceder desde la CPU. Es decir, con un bus de 16 bits se pueden direccionar 2^{16} posiciones de memoria, cuyo contenido, es decir la información de la posición de memoria, irá al bus de datos del sistema.

— Por último el tercer bus es el de control del sistema y de control del conjunto de interrupciones (modificación del contador de programa por medio de una señal externa, etc...). El funcionamiento de este bus está íntimamente relacionado con la filosofía y prestaciones de funcionamiento de la CPU.

14.2.4. *Unidad Aritmética-Lógica*

Es un conjunto de circuitos digitales encargados de la realización de las operaciones que indica el programa. Su funcionamiento, en general, es siempre el mismo. Leída la instrucción que debe ejecutar, se comunica por medio de los buses internos con los registros internos en donde se hallan los operandos. Recibe la información y la procesa, es decir, ejecuta la operación en cuestión. Finalmente el resultado de la operación es almacenado en algún registro interno, nuevamente a través de los «buses» internos de la CPU.

Finalmente y como conclusión, se puede decir que una CPU, es un circuito integrado microprocesador, que es el centro de control y de proceso de datos de un sistema, y que se comunica con el resto de los circuitos del sistema (memoria, unidades de E/S, otros microprocesadores, etc...) a través de los buses de comunicación. Esta última afirmación no es rigurosamente cierta en grandes sistemas en donde la CPU puede estar distribuida entre varios circuitos, pero es lo suficientemente válida para el propósito de esta introducción porque en definitiva es válida para la práctica totalidad de los computadores personales o «PC» y estaciones de trabajo o «workstation» que hoy día se manejan.

14.2.5. *Sistema mínimo o microcomputador*

En la fig. 14.3 se encuentra representado lo que se puede denominar un sistema mínimo o un microcomputador. Básicamente está constituido por el microprocesador encargado del control del sistema, por la memoria, y por la unidad de entrada y salida encargada de la comunicación con el mundo externo. Nuevamente existen diversos criterios a la hora de asignarle un nombre a una estructura como la ya indicada. Como se puede apreciar, esta estructura es muy similar a la indicada en la fig. 14.1, con la principal diferencia de que la Unidad Central de Proceso está constituida por un único circuito integrado, el microprocesador.

En esta unidad didáctica, a una estructura como la indicada en la fig. 14.3 se le denominará microcomputador. Por regla general, esta estructura está constituida por más de un circuito integrado, es decir por más de un «chip». No obstante existen en el mercado circuitos integrados que poseen esta estructura en un único «chip». A estos dispositivos se les denomina microcomputadores en un circuito integrado («Microcomputer on a chip»).

Finalmente, no se debe confundir el sentido que se está dando a la denominación de microcomputador, con el de prestaciones reducidas. Como ya se ha comentado, la potencia de cálculo de un microcomputador de estas características está principalmente definido por el número de bits del microprocesador, por el tamaño de su bus de datos y por la frecuencia del reloj.

Por lo general, y en la circuiteria que configura un PC, este conjunto de circuitos integrados vienen ubicados en una placa del tipo PCB comúnmente denominada «placa madre», normalmente con la capacidad mínima de memoria. Posteriormente, se podrán ubicar más placas para aumentar la memoria del sistema.

14.3. Memorias

En el capítulo anterior se han podido ver las diferentes alternativas existentes para almacenar la información procedente de un «bit». Posteriormente, se había visto cómo se podían utilizar los registros para almacenar palabras («bytes») de una determinada extensión.

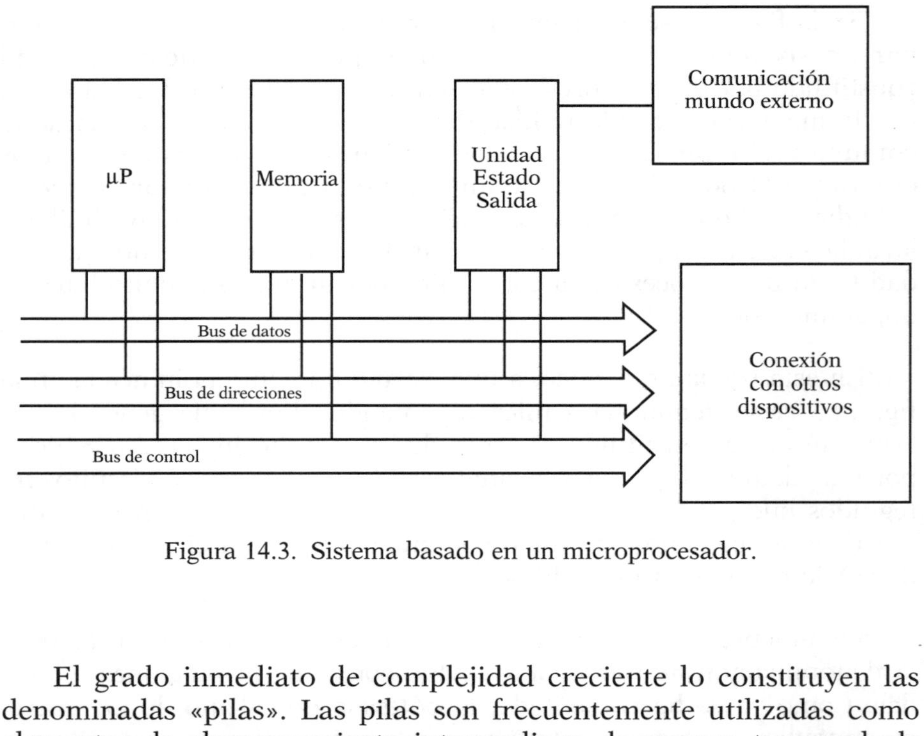

Figura 14.3. Sistema basado en un microprocesador.

El grado inmediato de complejidad creciente lo constituyen las denominadas «pilas». Las pilas son frecuentemente utilizadas como elementos de almacenamiento intermedio y, de manera temporal, de datos procedentes de la ejecución de un programa (ver fig. 14.4).

En función de cómo se recupera una información después de haber sido almacenada, las pilas pueden ser, y nuevamente utilizando los acronismos sajones, LIFO (Last In First Out) y FIFO (First In First Out). Ver fig.14.4 (a) y (b), respectivamente.

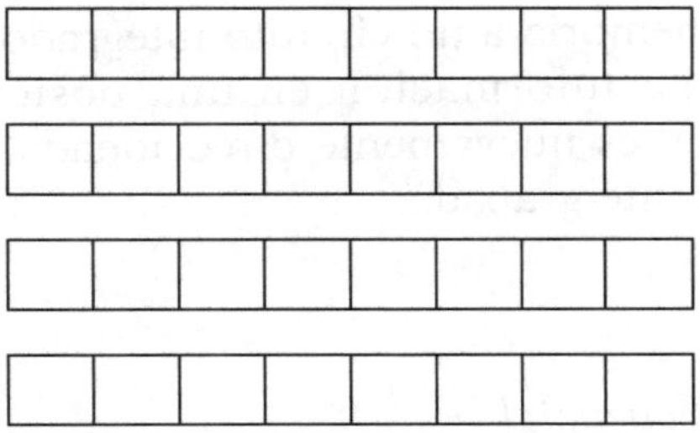

Figura 14.4. Pila de cuatro registros.

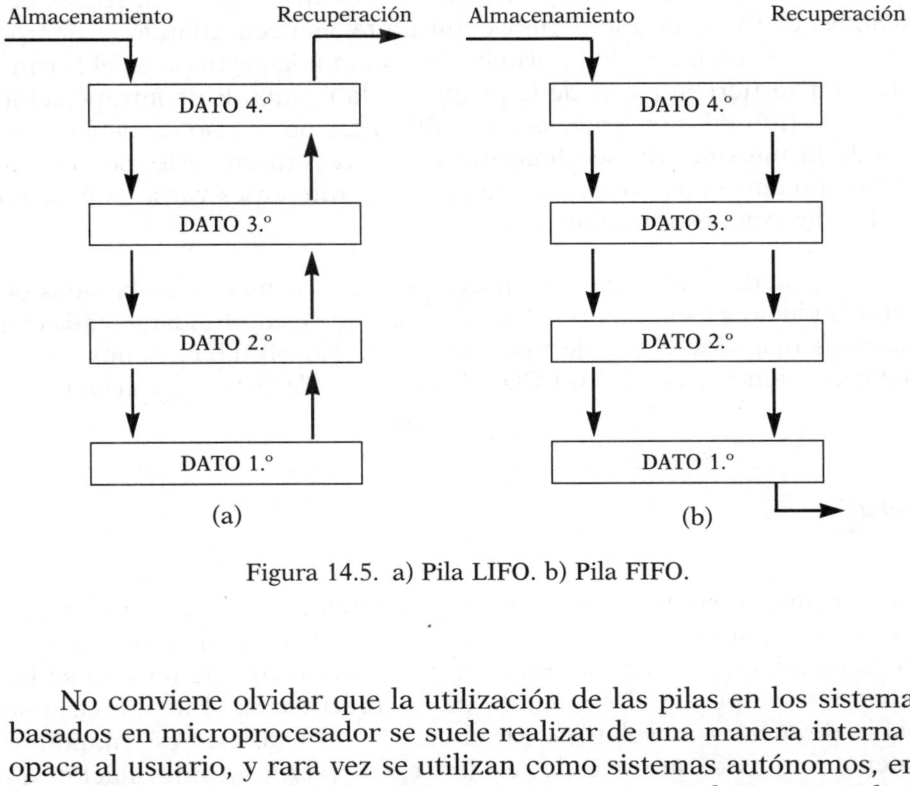

Figura 14.5. a) Pila LIFO. b) Pila FIFO.

No conviene olvidar que la utilización de las pilas en los sistemas basados en microprocesador se suele realizar de una manera interna y opaca al usuario, y rara vez se utilizan como sistemas autónomos, entre otras cosas por el inconveniente que representa la secuencialización en el almacenamiento y la recuperación de la información, lo que conlleva grandes limitaciones especialmente si el número de registros es elevado.

Cuando lo que se pretende es un almacenamiento masivo de la información por medios puramente electrónicos (despreciando elementos como los discos magnéticos, disquettes, etc...), se recurre a las memorias.

Se denomina memoria a un circuito integrado que tiene como misión almacenar una información en una posición determinada, y cuando esa posición es nuevamente direccionada, se puede leer la información previamente grabada.

Acceso aleatorio o secuencial

Las memorias basadas en semiconductores se denominan de acceso aleatorio cuando el tiempo transcurrido entre el paso entre dos posiciones distintas de memoria es constante, es decir cuando el tiempo que se tarda en pasar de la primera posición a la segunda es el mismo que el invertido en pasar de la primera a la última. En contraposición con este tipo de memorias se encuentran las de acceso secuencial, en donde la información se almacena y se recupera en serie, por lo que el tiempo entre dos posiciones de memoria diferentes varía en función de las direcciones seleccionadas.

En general, y aunque existen excepciones, las memorias basadas en semiconductores son de tipo aleatorio y las que están fundamentadas en soportes magnéticos son de tipo secuencial. No obstante, siempre existen excepciones, caso de los CCD («Charge Couple Device») y las ferritas.

Volátil

Los mecanismos basados en semiconductores, como todos los circuitos integrados, necesitan de una fuente de alimentación para su funcionamiento. En ocasiones, cuando el suministro de tensión se interrumpe, se pierde el contenido de la información. En este caso se habla de memorias volátiles. En el caso contrario, esto es, cuando al interrumpir el suministro de tensión no se pierde la información almacenada, se denominan memorias no-volátiles o permanentes.

RAM, ROM, PROM, EPROM, EEPROM

En función de esta última propiedad, las memorias se pueden clasificar en memorias RAM, ROM, PROM, EPROM, EEPROM. Como es habitual en las tecnologías electrónicas, existen una gran variedad de siglas denotativas, por lo que no siempre coinciden las denominaciones. Sin embargo con estas cinco categorías se cubre prácticamente el espectro.

En las memorias RAM (Random Access Memory), aunque su nombre hace referencia a memorias de acceso aleatorio, estas siglas han sido habitualmente asociadas a memorias volátiles, de aquí que modernamente se empiece a utilizar la terminología de RAM volátil y no volátil. En sentido estricto, las siglas RAM se podrían utilizar en todas las memorias que se describen a continuación, ya que todas son de acceso aleatorio en el sentido que se ha definido previamente. Es decir, el tiempo de acceso a la información no depende de las posiciones direccionadas.

Las memorias ROM (Read Only Memory), como su propio nombre indica, son memorias de sólo lectura. Vienen grabadas de fábrica y en definitiva son las más sencillas internamente hablando, y por eso su coste, en grandes series de producción, es el menor. Al permitir únicamente la lectura y venir previamente grabadas, son especialmente adaptables a aplicaciones estándar y de uso común, por ej.: los programas de los sistemas, los de códigos ensambladores de amplio uso, etcétera...

Memorias PROM (Programable Read Only Memory). Son memorias que permiten ser programadas. La programación la realiza el fabricante pero con instrucciones precisas del usuario, el cual debe enviar a la fábrica las instrucciones para su posterior fabricación. Nuevamente, y una vez grabadas, ya no puede modificarse su contenido, por lo cual también son aptas para series razonablemente altas pero específicas de cada usuario.

Memorias EPROM (Electrically Programable Read Only Memory). Estas memorias se encuentran caracterizadas por permitir ser grabadas por medio de impulsos eléctricos de características predefinidas. La grabación la realiza el propio usuario por medio de un sencillo «kit» de programación que por lo general puede ser conectado a un PC. Una vez realizada la programación, su comportamiento es similar a la de una PROM. Al estar grabadas por el propio usuario son más indicadas para series cortas. En ocasiones estas mismas siglas se utilizan para definir memorias que se puedan grabar y borrar, lo que en esta sección se denomina EEPROM.

Memorias EEPROM (Electrically Erasable Programable Read Only Memory) o memorias reprogramables (RPROM). Nuevamente y como indica su nemotécnico, estos dispositivos permiten la grabación y su posterior borrado por el usuario. El procedimiento de grabación es similar al de la EPROM y, para su borrado, es suficiente la iluminación o irradiación de la memoria con rayos ultravioleta. En condiciones normales, la grabación de una EEPROM puede durar alrededor de unos 10 años, por lo que su inalterabilidad es prácticamente tan alta como una PROM, aunque conviene huir de fuentes de irradiación de rayos UV y rayos X.

14.4. Organización de la memoria en un sistema μP

Ya se ha visto como la CPU de un μP se comunica con el resto de los circuitos integrados. El bus de direcciones tiene como misión seleccionar la posición de memoria, y el contenido de dicha posición se transfiere al bus de datos. Para comprender de una manera sencilla como funciona una memoria, se va a explicar como podría ser una hipotética memoria de palabras de 8 bits y de 1 k de capacidad. Lógicamente un sistema como los actualmente existentes superan con creces estos tamaños de memoria, pero resulta bastante intuitivo. Para ello se va a partir de circuitos integrados de 1 bit de capacidad y 1.024 posiciones diferentes, el bus de datos se supondrá de 8 bits y el de direcciones de 16. La configuración de una memoria de 1 bit y 1 k de extensión sería por lo tanto la indicada en la fig. 14.6.

De esta manera cuando se selecciona una de las 2^{10} combinaciones posibles elegidas, aparece en el bus de datos la información del bit cero de la palabra buscada.

La extensión a palabras de 8 bits no puede ser más sencilla y se representa en la fig. 14.7.

Como se puede ver los 10 primeros bits del bus de direcciones son capaces de seleccionar hasta $2^{10} = 1.024$ posiciones de memoria. El resto del bus de direcciones se reservaría para sucesivas ampliaciones siguiendo este mismo esquema. Como se puede apreciar la palabra en este caso es de 8 bits, si el bus fuera mayor, por ejemplo 16 bits, se deberían de incluir 16 circuitos como el indicado.

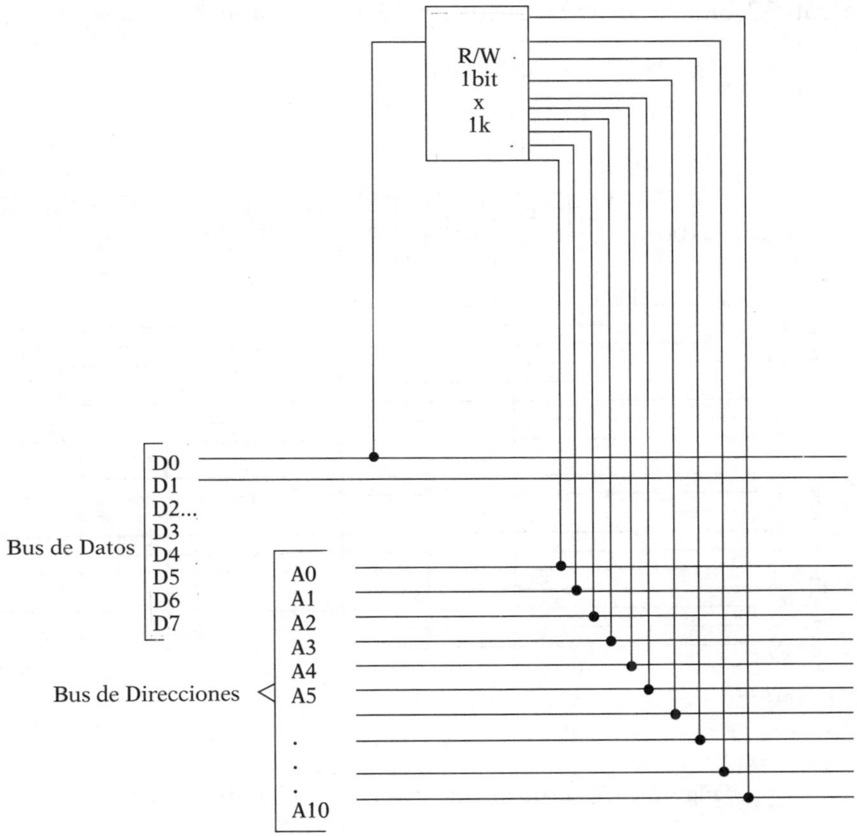

Figura 14.6. Esquema de una memoria de 1 «bit» y 1 k bit de capacidad.

Como fácilmente se puede comprender, no se han incluido las conexiones del bus de control para no complicar la exposición, así mismo y como se puede comprender no se incluyen otros diseños de mayor capacidad o con otro tipo de circuitos integrados por no entrar dentro de los objetivos de esta pequeña introducción.

Sin embargo, no se debe dejar escapar el hecho, de que la capacidad de posiciones que se pueden seleccionar desde un bus se encuentra en relación exponencial con el número de bits del mismo, y así con 16 bits se pueden direccionar $2^{16} = 65.536 = 64$ k bytes, mientras que con 32 bits se alcanza la cifra de $2^{32} = 4.294_{1}967.296 \approx 4{,}26$ G bytes.

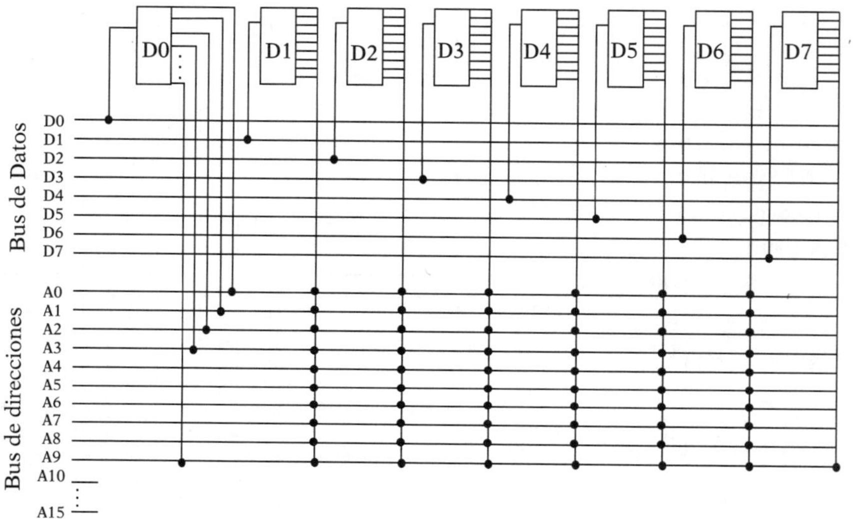

Figura 14.7. Esquema de una memoria de 1k byte.

No debe identificarse la memoria total de un sistema con las posibilidades de direccionamiento de un bus, toda vez que existen otros dispositivos y otras técnicas que pueden aumentar la memoria total del sistema. Nuevamente, se remite al lector a la bibliografía especializada en el caso de querer realizar diseños más sofisticados y que exceden a los objetivos de esta pequeña introducción.

14.5. Dispositivos de entrada y salida

Los dispositivos de entrada y salida son «chips» o circuitos integrados que permiten la interconexión de un microprocesador o un microcomputador con el mundo externo. Básicamente consisten en un conjunto de registros intermedios con sus correspondientes amplificadores o «buffers» para adaptar los niveles de tensión y corriente con los estándares habituales de la circuitería TTL o CMOS. Al margen de posibilitar las labores de «interface», estos dispositivos son programables, permitiendo con ello aumentar las prestaciones de su circuitería. Nuevamente, y como es lógico estarán conectados a los tres buses del sistema.

Básicamente existen dos filosofías de funcionamiento, por un lado se encuentran las casas comerciales que consideran estas unidades de entrada y salida como posiciones de memoria, desde el punto de vista del μP, y que únicamente se diferencian de las memorias por disponer entre los registros del μP y el mundo externo una circuitería específica adicional. Otras casas, sin embargo, los consideran como dispositivos diferenciados, dedicando una parte de la memoria y un conjunto de instrucciones específicas, «software», específicas para la lectura o escritura entre el μP y el mundo exterior.

Aunque no se va a analizar en detalle, dentro de este apartado de dispositivos de entrada y salida se pueden distinguir tres grandes grupos o categorías.

a) Dispositivos o Circuitos Integrados de entrada y salida genéricas. Son circuitos que están concebidos para comunicarse bien «bit» a «bit» o «palabra a palabra» con el mundo exterior para poder leer señales digitales o la salida de un convertidor analógico/digital procedente de una señal de tipo analógico. Se encuentran especialmente indicados para la lectura, control y actuación sobre señales de tipo digital o analógico, como es el caso del control de procesos, regulación automática de sistemas, etc...

b) Dispositivos específicos para comunicación serie y paralelo de sistemas. Diseñados para la comunicación serie y paralelo con otros microprocesadores o computadores. Existen con posibilidades de funcionamiento síncrono y asíncrono, suelen disponer de tres secciones elementales, la de transmisión, la de recepción y la de control. Se encuentran especialmente indicados para interconexión con pantallas de monitor o con teclados, así como presentan una circuitería para la comunicación directa con líneas serie RS-232 ó RS-432.

c) Dispositivo de acceso directo a memoria (DMA). Son dispositivos que permiten el trasvase de información directamente desde el exterior (disco duro, datos externos, etc...) a la memoria del sistema, o trasvases de información entre dos área de memoria del mismo, sin pasar por la unidad de control, es decir sin utilizar sus registros.

14.6. Dispositivos específicos

Finalmente, y aunque en la literatura especializada no se les suele incorporar en los sistemas mínimos, cada vez es más frecuente la utilización de circuitos integrados específicos en los sistemas de microprocesadores. La mayoría de ellos son auténticos µP o µC que poseen una arquitectura específica para el fin al que se hayan diseñados, entre ellos se pueden citar los coprocesadores matemáticos, auténticos µC que se utilizan dentro de un sistema para aumentar la velocidad del mismo en las aplicaciones que requieren una elevada cantidad de operaciones de tipo matemático.

Después de esta somera descripción de los circuitos que integran un sistema basado en un microprocesador, se puede comprender de una manera sencilla la estructura interna de un PC, la cual responde, nuevamente de una manera simplificada, al esquema de la fig. 14.8.

14.7. Tecnologías de fabricación

14.7.1. *Realización de circuitos integrados*

Como se ha podido analizar en los capítulos precedentes, existe una gran variedad de circuitos, digitales y analógicos, que realizan funciones concretas. Estos circuitos, ya vienen integrados por el fabricante y existen una gran variedad de diferentes tipos de circuitos que pueden ser encontrados en los catálogos de los fabricantes.

Debido a que son componentes estándares, las propias compañías han realizado sus estudios de mercado y han optado por sacar unos determinados componentes que esperan amortizar con unas tiradas

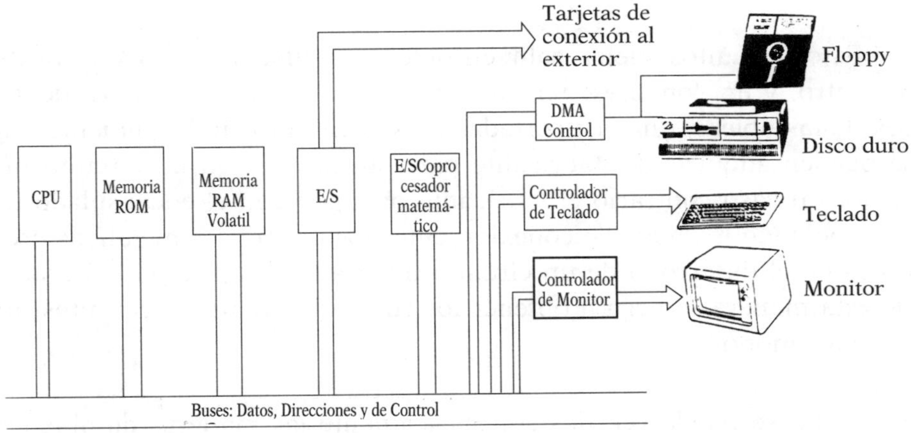

Figura 14.8. Esquema de la estructura interna de un ordenador personal.

masivas. Por este motivo, estos circuitos integrados son circuitos monolíticos (de una sola piedra, palabra derivada del griego, monos + lithos), es decir son circuitos realizados en base a un componente semiconductor, con sus dopajes correspondientes. De esta manera se integran transistores, diodos, resistencias y condensadores en un solo circuito. Adviértase que no se incluyen las bobinas, dado que con la tecnología actualmente existente no es posible realizarlas, aunque si se pueden realizar circuitos activos, con condensadores que reproducen fielmente el funcionamiento de las bobinas.

No considerando de momento la etapa de diseño y concepción del circuito que se quiere construir, y una vez que se aprueba su realización en un único «chip» o circuito integrado, existen varias tecnologías para su realización o finalización, dependiendo principalmente de la tecnología de circuitos TTL, nMOS, pMOS, SOS, CMOS, etc... como del propio fabricante y en principio se debe asumir, que el coste de las instalaciones para la producción de un «chip» de estas características es muy elevado.

La realización de un circuito integrado es un conjunto de procesos de oxidación del silicio, impregnación de fotorresistencias, elaboración de una máscara y su posterior insolación con radiación visible o ultravioleta y difusión de elementos dopantes, estos procesos se vuelven a repetir hasta finalizar con las metalizaciones finales y preparación de los contactos exteriores.

Estos circuitos suelen salir en obleas circulares de unos 4 cm de diámetro, y en donde existen multitud de circuitos integrados idénticos. Estas obleas, una vez cortadas en sus circuitos independientes ya se pueden adquirir del fabricante para su montaje en un circuito híbrido. En caso contrario el fabricante prosigue con el encapsulado final, soldando los hilos de conexión entre los terminales metálicos previstos en el desarrollo de un circuito integrado y las patillas externas. De esta manera se llega a obtener los conocidos «chip» o circuitos integrados monolíticos.

Como se puede ver, dos son básicamente las maneras de obtener un circuito integrado del fabricante, una de ellas en forma del circuito monolítico propiamente dicho y otra totalmente encapsulado. Este como puede se comprender puede ser realizado de diferentes formas en función de las especificaciones finales requeridas. Lógicamente, las casa fabricantes de circuitos integrados presentan en sus catálogos una serie de alternativas estándar.

Estos básicamente son los denominados «Dual in line» con diferentes números de patillas o terminales, siendo los más extendidos los de 14, 16 para MSI y de 32 ó 48 para circuitos más complejos. Existen además los encapsulados cerámicos, cuando la potencia a disipar es elevada y se requiera una gran fiabilidad.

Para realizar montajes con tecnología SMD («Sourface Montaje Devices»), se han diseñado encapsulados sin patillas y de tamaño reducido, del orden de la décima parte del «Dual in Line», y con un número de terminales de salida similares a los DIL.

Otra alternativa posible es la petición del circuito integrado en las obleas circulares, cortadas o no, para su posterior ensamblado en circuitos híbridos.

Como posteriormente se verá, estos dispositivos están especialmente indicados para su montaje en cada una de las diferentes tecnologías o procesos de ensamblado que a continuación se describirán.

14.7.2. *Circuitos Integrados Específicos (ASICs)*

En lo anteriormente dicho, el usuario únicamente tiene la posibilidad de utilizar algunos de los circuitos, desde SSI hasta VLSI, elementos estándar y los suministrados por el catálogo del fabricante. Sin embargo existen multitud de aplicaciones en donde se pretende realizar un circuito integrado específico para una aplicación concreta. Para ello, y debido al elevado coste de las instalaciones en donde se fabrican estos dispositivos, se puede acudir a dos tipos de opciones diferentes. Por un lado acudir a algunos de los circuitos que los fabricantes disponen en sus catálogos y que son programables o modificables por el propio usuario, similares a las ya introducidas EPROM, y que pueden ser, aparte de estas últimas, las PLA (Program Logic Arrays), los «Gate Arrays», etc... En todos estos dispositivos, que permiten una gran flexibilidad de diseño, se debe modificar las características de estos circuitos integrados para configurar el que se amolde a las necesidades específicas. Por regla general esto se realiza gracias a un equipo extra, de coste no muy elevado, y que trabaja acoplado a un PC.

En todo este conjunto de dispositivos, el fabricante suministra circuitos integrados de su catálogo y la personalización del producto final se consigue por una «modificación» o «grabación» de determinadas características por parte del usuario.

Otra categoría diferente lo constituye el diseño en base a «células estándar» (Standard Cells) en la cual el primer diseño lo realiza el propio usuario siguiendo unas determinadas «reglas del juego» del diseño. Para ello se debe diseñar utilizando los bloques o «células» que ofrece el fabricante, es decir una «biblioteca de células» o bloques funcionales que el fabricante ya posee en sus instalaciones. De esta manera, y una vez que las instrucciones del diseño se han finalizado, éstas se envían a la fábrica (foundries), generalmente por un soporte magnético o bien por una red de conexión de ordenadores. En la fábrica y con las instrucciones precisas del diseñador se procede a la realización física del dispositivo, el «chip» o Circuito Integrado Específico.

A estas dos diferentes categorías de diseño, es decir las que «personaliza»el usuario al final del proceso, o la del diseño con «Células Estándar», se les suele denominar diseños «Semi-Custom». Es decir diseños parcialmente a la medida.

Frente a estos procedimientos de diseño, existen los denominados «a medida» o diseños «Full-Custom» en los cuales el diseñador realiza, nuevamente por medio de otras herramientas de diseño (estaciones de trabajo y programas específicos y de alto coste) una detallada descripción de las necesidades del circuito realizada a nivel de transistores elementales.

Como fácilmente se puede comprender esta última forma de diseño se encuentras más optimizada, con menores superficies de silicio utilizadas y en general con prestaciones electrónicas superiores al resto de los diseños. Por contra, requiere de herramientas de diseño más costosas, personal altamente cualificado y un mayor tiempo de desarrollo, que lógicamente se ve económicamente recompensado en grandes series de fabricación.

14.8. Técnicas de ensamblado o montaje

14.8.1. *Introducción*

Los circuitos monolíticos, ya sean los procedentes de las fábricas, o los ASICs de usuarios trabajan a nivel de silicio con tecnologías del orden de magnitud de la µm y a niveles de tecnología punta en el entorno de la sub-µm, sus productos finales son circuitos integrados con unas dimensiones finales del orden de milímetros (de un orden de magnitud aproximado de unos 3 x 3 mm^2) y una vez encapsulados, para que pueden tener la necesaria rigidez mecánica se quedan en tamaños que oscilan entre los 2 mm^2 hasta 4 cm^2. (Estos valores indicativos y aproximados a las fechas de escribir estas unidades didácticas (1993).

Sin embargo, estos circuitos integrados siempre van montados o ensamblados para conseguir módulos que puedan operar en el entorno de la vida real. Para ello se recurre a diferentes tecnologías de ensamblado o montaje, con diferentes formas y prestaciones en función del coste, requisitos exigidos de miniaturización, consumo máximo permitido , etc...

Básicamente existen tres tecnologías, la tecnología de montaje híbrido, la de montaje superficial SMD o (Sourface Mounting Device) y la realizadas con placas de circuito impreso o PCB (Printed Circuit Board).

Los productos finales de estas tecnologías pueden oscilar mucho en función del grado de complejidad del mismo pero de manera aproximada se puede decir que un módulo híbrido puede oscilar entre 0,25 cm^2 y los 8 cm^2. El montaje SMD entre 1 cm^2 y los 10 cm^2, y los circuitos impresos pueden tener unas diferencias de tamaño muy superiores a los anteriormente indicado pudiéndose fácilmente alcanzar tamaños del orden de magnitud de 500 cm^2 o 1.000 cm^2. Lógicamente estas tecnologías se pueden combinar, siendo muy frecuente circuitos que utilizan de manera mixta las tecnologías híbridas y el SMD, y estas se montan como submódulos en placas de PCB.

14.8.2. *Placas de circuito impreso*

Las placas de circuito impreso o PCB, constituyen quizás la aplicación más extendida y conocida de las tecnologías de montaje de componentes.

Como todo el resto de las tecnologías tiene como objetivos fundamentales el conectar un circuito integrado con otros o con componentes discretos. Sirven de material soporte para la ubicación e interconexión de un determinado número de componentes, sean estos resistencias, circuitos integrados o subconjuntos más elaborados. Finalmente, constituyen el modo de interconexión entre diferentes tarjetas, generalmente a través de una placa específicamente diseñada al efecto.

La mayoría de las tarjetas de circuito impreso están constituidas hoy en día en base a una placa de fibra de vidrio sobre la que discurren pistas de Cu, que hacen las veces de elementos conductores. Las más extendidas son las de «doble cara», es decir, existen pistas conductoras de cobre por la parte superior e inferior de la placa. De la misma manera existen aplicaciones de una sola cara para diseños sencillos y en multicapa para aplicaciones mucho más complejas. También son frecuentes los circuitos impresos que se montan sobre un soporte flexible, caso este muy común en aplicaciones que exigen reducir el tamaño o adaptarlo a formas del producto final totalmente aceptadas por el mercado, como es el caso de los circuitos que utilizan las cámaras fotográficas.

El diseño de estas placas, el más accesible para el gran público, puede ir desde manual hasta su realización con programas específicos que pueden ser utilizados en PC o en equipos de mayores prestaciones. Los componentes, por lo general, se sueldan sobre la placa de circuito impreso, con sus correspondientes componentes discretos, resistencias, condensadores, transistores, etc... Este tipo de placas es el soporte más utilizado por la tecnología actualmente existente para las placas que se conectan a los buses internos de los computadores de uso masivo hoy día (1993).

14.8.3. *Placas de montaje superficial*

Las placas de montaje superficial están desarrollados de forma similar a las de los circuitos impresos, quizás la mayor diferencia estriba en que los componentes utilizados carecen de «patillas», y los terminales de conexión están constituidos por metales conductores. Las técnicas de desarrollo de estos circuitos son muy similares a las de los circuitos impresos, de hecho muchos autores las consideran un subconjunto de las anteriores, no obstante, y por las densidades de integración que se alcanzan y los fines a las que son utilizados muchas veces se encuentran más cerca de la tecnología híbrida con la que comparte muchos campos de aplicación. Entre ellos el de la telefonía, comunicaciones, etc....

14.8.4. *Circuitos híbridos*

Esta tecnología constituye un paso intermedio entre los circuitos integrados y los circuitos impresos. De hecho alguno de los circuitos integrados que se venden disponen o están desarrollados con tecnología híbrida.

La tecnología híbrida se caracteriza por desarrollar los componentes pasivos de una manera compacta con el substrato. Este último puede ser de diferentes elementos, destacando por su utilización los que están constituidos en base a cerámicas de oxido de alúmina, con un muy bajo coeficiente de dilatación térmico.

Las resistencias y los condensadores se construyen, en esta tecnología, de manera similar a los conductores de las placas de circuito impreso, es decir por técnicas de serigrafiado se construyen tanto las pistas conductoras como se imprimen las «tintas» que constituirán las resistencias y los condensadores. En caso de necesitar diseños de más de una capa, se extiende una aislante y a continuación se vuelve a extender otra capa de conductores y resistencias.

Los circuitos integrados se pueden montar bien con técnicas de montaje superficial o bien mediante soldadura directa del «chip» o circuito integrado, este sin encapsular y utilizando una técnica de soldadura específica que recibe el nombre de «wire-bonding».

La tecnología híbrida suele estar constituida por dos tipos de tecnologías diferentes en función del espesor de las capas depositadas, se habla así de circuitos híbridos de capa fina y de capa gruesa.

CAPÍTULO 15

Objetivos

Generales

Estudio del los sistemas basados en microprocesador, componentes de los ordenadores personales, así como la introducción a las redes locales y sistemas operativos y la evolución a otros ordenadores como son las estaciones de trabajo, servidores, ordenador central y superordenadores.

Específicos

- — Bloques existentes en un sistema basado en microprocesador: unidad central de proceso, memoria, entada y salida, buses.
- — Componentes existentes en un ordenador personal.
- — Microprocesadores Intel y compatibles.
- — Dispositivos de entrada-salida: teclado, ratón, monitor y tarjeta video, puertas paralelo y serie.
- — Redes locales básicas: Ethernet y Token Ring.
- — Estaciones de trabajo RISC.
- — Introducción a los sistemas operativos: MS-DOS, MS-Windows, OS/2, Windows NT, U*IX.
- — Servidores y ordenador central.
- — Superordenadores y proceso masivamente paralelo.

15. MICROPROCESADORES Y ORDENADORES

Una vez analizados los componentes a partir de los que se construye un sistema basado en microprocesadores, y trás analizar los métodos de fabricación existentes de los circuitos y sistemas, se describen a continuación los ordenadores personales.

15.1. Componentes de un Ordenador Personal

Un ordenador personal (PC, termino inglés para el Personal Computer), es un ejemplo industrial de uso masivo de un sistema basado en microprocesador. El ordenador personal se compone de una Unidad Central así como de un sistema de entrada de datos (básicamente compuesto por un teclado y, opcionalmente, un ratón) y de un sistema de salida de datos (formado por un monitor, blanco y negro o color, y opcionalmente una impresora) (fig. 15.1).

Los componentes básicos existentes dentro de la Unidad Central son:

• **Microprocesador**, incluido en la Unidad Central, en función del cual se puede clasificar el tipo de ordenador personal:

— Microprocesador de 16 bits de datos internos con bus de datos de 8 bits (Intel 8088, NEC V30) o de 16 bits de datos internos y bus de datos de 16 bits (Intel 8086, NEC V30), con lo cual el ordenador personal será de los denominados PC XT;

— Microprocesador de 16 bits de datos internos y externos, y bus de direcciones de 24 líneas (Intel 80286 y compatibles) conocidos como PC AT;

— Microprocesadores de 32 bits de datos internos y bus de datos de 16 bits (Intel 80386 SX y compatibles) o con bus de datos de 32 bits (Intel 80386 DX y compatibles) formando los PCs 386;

— Por último, los PCs 486 basados en el Intel 80486, con arquitectura interna y externa de 32 bits e integración en el microprocesador de gran número de bloques, como el coprocesador matemático, ..., o el esperado actualmente Intel Pentium (también conocido como Intel 586), diseño de muy alta integración incorporando diversas técnicas RISC, compatible con los microprocesadores de Intel.

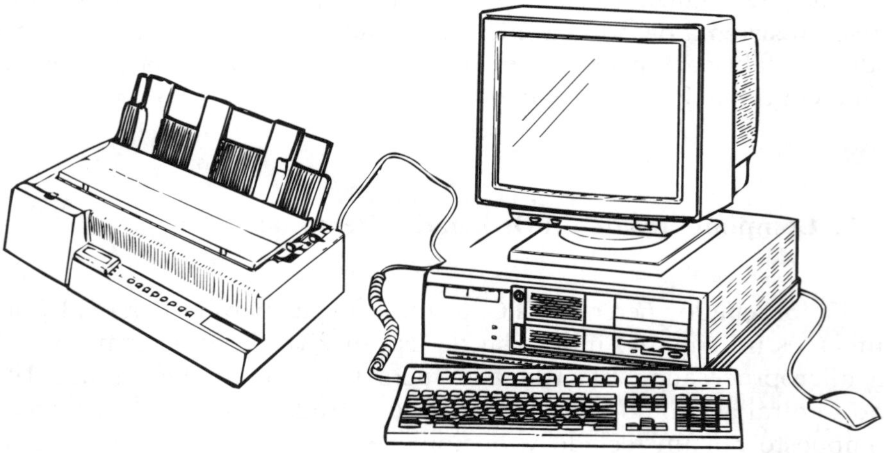

Figura 15.1. Componentes básicos de un ordenador personal.

Todos estos microprocesadores tienen una potencia de proceso función básica de la velocidad del reloj, que en las versiones iniciales de PC XT era de 4,77 MHz, hasta las versiones actuales de los 386 a 33 MHz, o los 80386 y 80486 con reloj doble a 66 MHz. La figura 15.2 muestra una gráfica de la potencia relativa de los microprocesadores INTEL 386 y 486.

Existen sistemas que además incorporan la posibilidad de incluir un **Coprocesador Matemático**, el cual es un procesador especializado en la realización de operaciones matemáticas (Intel 8087, 80287, 80387, ..., Weitek 1167, ...), o en los nuevos microprocesadores 80486 la posibilidad de incluir un procesador auxiliar con velocidad de reloj interna doble (overdrive).

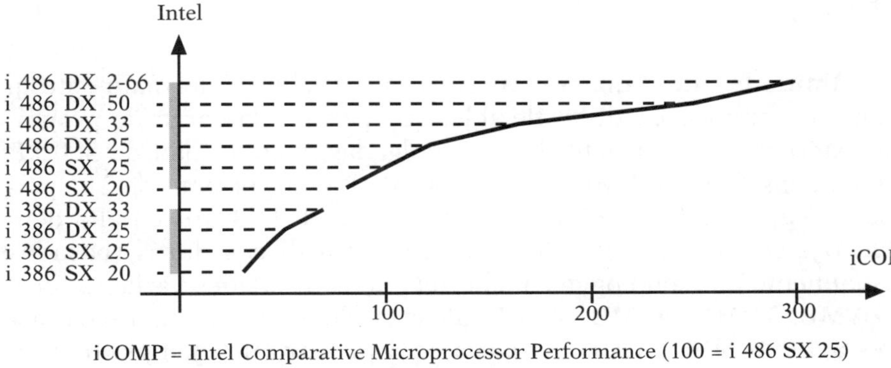

Figura 15.2. Rendimiento de microprocesadores Intel.

• **Memoria**, incluyendo ésta la memoria **ROM** (memoria de sólo lectura, en la que se almacena el microcódigo con las rutinas de inicialización del sistema, diagnósticos, configuración, BIOS (dispositivos básicos de entrada/salida), cargador del sistema operativo y juego de caracteres básico) y la memoria **RAM** (memoria de acceso aleatorio no permanente) para programas y datos (formada actualmente por al menos 640 kB que puede direccionar el MS-DOS), hasta decenas de MB (1, 2, 4, ..., 16, ...). Los circuitos de ampliación de memoria pueden ser específicos del fabricante, o seguir las normas estándar de LIM EMS (Lotus-Intel-Microsoft Expanded Memory Specification) o actualmente los módulos SIMM (Single In_line Memory Module), organizados normalmente en bancos o grupos de memoria.

• **Circuito de Reloj**, que realiza la generación de la frecuencia patrón de sincronización de todos los bloques existentes (según los modelos se puede partir de una frecuencia de reloj mayor, para luego reducirla en función de los distintos bloques).

• **Buses**, canales de líneas paralelo que unen los distintos bloques del sistema, a la vez que permiten la conexión de nuevas tarjetas de expansión específicas (modems de comunicaciones, expansiones de memoria, ...). Los buses existentes son los de datos, direcciones y control, incluyendo este último las líneas de interrupciones, reloj, DMA (acceso directo a memoria), ... Existen además las expansiones de bus, que pueden ser básicamente del tipo ISA (Industry Standard Architecture, de 8/16 bits), del tipo EISA (Enhanced ISA, de 32 bits, compatible con las tarjetas ISA) o MCA (IBM Micro Channel Adapter, de 32 bits).

• **Unidades de Almacenamiento**, que incluyen normalmente al menos una unidad de disco flexible, que permite la carga de programas exteriores (en formato de 5 1/4 pulgadas, y capacidad de 360 kB en baja densidad o 1,2 MB en alta densidad, o en formato de 31/2 pulgadas, y capacidad de 720 kB en baja densidad, 1,44 MB en alta densidad o 2,88 MB en muy alta densidad), así discos duros (basados normalmente en tecnología Winchester) de capacidades variables desde 20 MB, 32 MB, 40 MB, 60 MB, alcanzando actualmente discos mayores a 1.000 MB (1 GB). La figura 15.3 muestra un ejemplo de unidades de almacenamiento removibles (discos flexibles de 3 1/2", 5 1/4" y cinta magnética).

También pueden incluir dispositivos para copias de seguridad (cintas magnéticas o discos removibles). Actualmente la mayoría de dispositivos de almacenamiento incorporan la interface de conexión IDE (Integrated Disk Electronics) que incluye en el dispositivo el controlador del mismo, o la interface estándar SCSI (Small Computer System Interface) que permite la conexión en serie de varios dispositivos (internos y/o externos).

Existen otros dispositivos de almacenamiento como son los discos ópticos, que se dividen en: discos CD-ROM (de sólo lectura, para difusión de información, de 5 1/4" y 600 MB), discos WORM (se pueden escribir una única vez) y discos ópticos regrabables (se pueden escribir y borrar como un disco magnético, con 600 MB en 5 1/4" ó 225 MB en 3 1/2"). Se acaban de introducir en el mercado los denominados FLOPTICAL, con tamaño de 3 1/2" y capacidad de 21 MB, compatible en tamaño y lectura con los discos flexibles magnéticos.

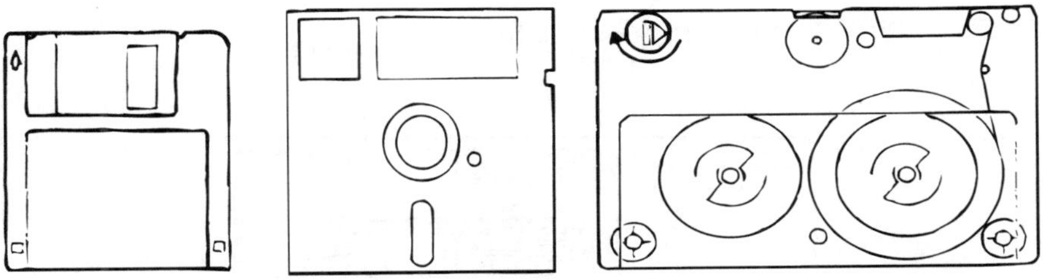

Figura 15.3. Discos flexibles (3 1/2“ y 5 1/4“) y cinta magnética.

• **Fuente de Alimentación**, que adapta la alimentación eléctrica de corriente alterna de la red eléctrica a la alimentación continua interna necesaria en los distintos bloques (+5 V, +12 V, –12 V, ...). Opcionalmente se pueden incluir además una serie de componentes para la protección eléctrica del ordenador personal, como son limitadores de corriente o supresores de sobretensiones, o Sistemas de Alimentación Ininterrumpida (SAI o UPS, en inglés), que permiten disponer de un tiempo reducido (normalmente 10 ó 15 minutos) de alimentación eléctrica cuando falla la red eléctrica general, con lo que se podrán almacenar y/o finalizar los trabajos en marcha, y evitar de esta forma la pérdida de información.

• **Adaptadores de E/S**, que permiten la conexión del teclado, ratón, monitor, puerta serie, puerta paralelo, ..., como se puede apreciar en la figura 15.4.

— **Teclado**: permite la introducción de caracteres al sistema, así como su control por parte del usuario, además de los posibles interruptores o conmutadores del sistema (Reset, Turbo, Encendido/Apagado, ...). Existen distintos tipos de teclados, básicamente en función del tipo de PC (teclado XT, teclado AT, teclado ampliado de PC —también denominado de 101/102 teclas—, teclado de PS/2 o teclados compatibles), permitiendo todos ellos la función básica de control del PC, con mayor o menor facilidad de uso. Estos teclados siguen la metodología QWERTY de las máquinas de escribir, con diferencias considerables en la disposición de las teclas de función y caracteres especiales (dependientes fuertemente del idioma a utilizar). La conexión del teclado al sistema también depende del tipo de teclado, con los conectores DIN de 5 pines, modulares o los más actuales de 6 pines miniDIN tipo PS/2 (figura 15.5).

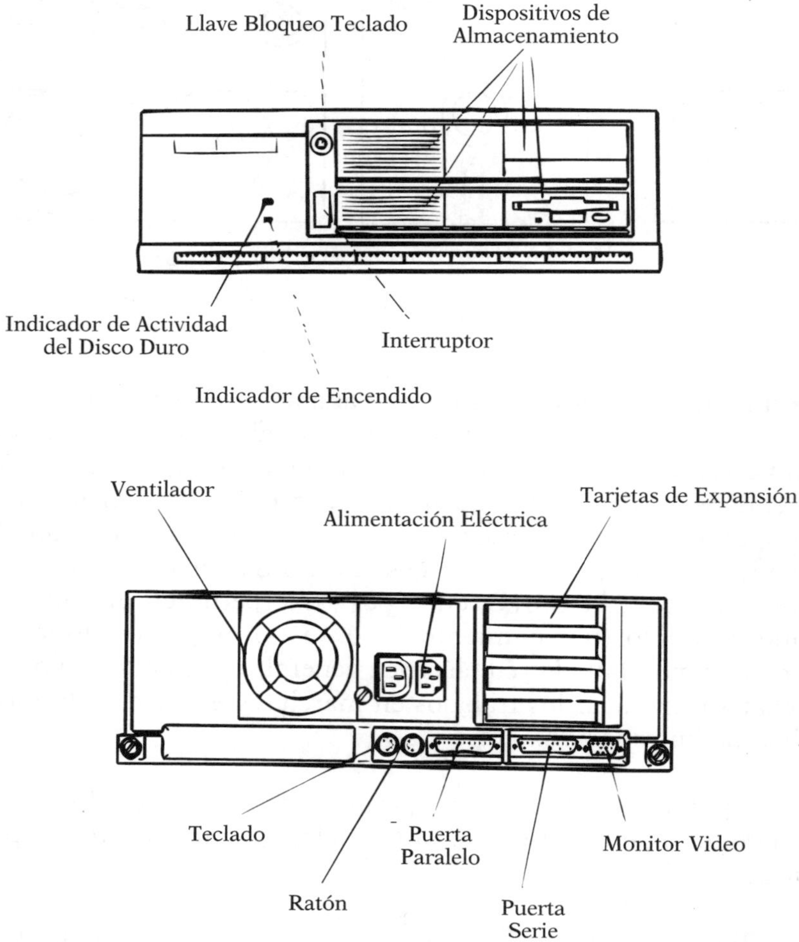

Figura 15.4. Vista frontal y trasera de un PC.

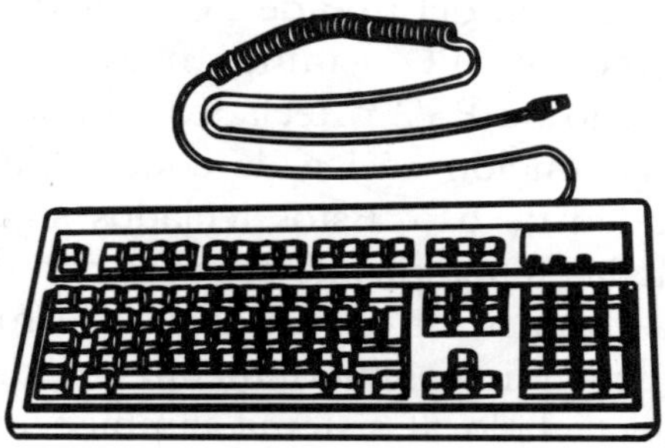

Figura 15.5. Teclado (101/102 teclas) de PC.

— **Ratón**: permite usar un dispositivo de señalización, que de forma conjunta con un programa gráfico, simplifica la labor de control y entrada de datos. Normalmente complementa la acción del teclado, reduciendo el uso del mismo en el control del programa, pero manteniendo su uso para la introducción de caracteres. Existen dos versiones de conexión distintas, en serie o en bus (que es una configuración serie especial sólo para el ratón), así como sistemas de decodificación del valor de la posición del ratón (bien mecánicos u ópticos). El ratón se caracteriza además de sobre su control en dos ejes de la posición de un cursor sobre la pantalla, de la posibilidad de control mediante la acción sobre los dos (o tres) botones que incorporan.

— **Otros dispositivos de entrada**: Existen otros dispositivos de entrada de datos y control, como son los lápices ópticos, tabletas digitalizadoras o las pantallas táctiles, así como la tecnología de reconocimiento de escritura manual o los digitalizadores (scaners, que usan el láser para la digitalización de la imagen, figura 15.6).

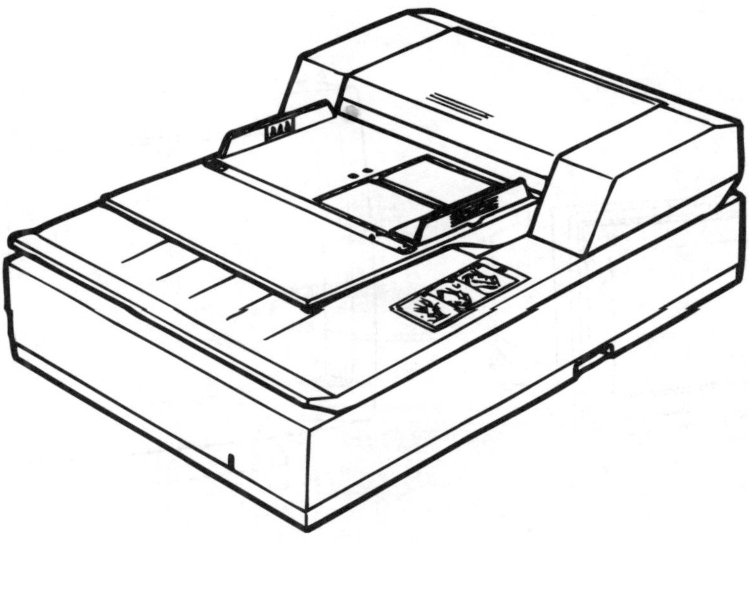

Figura 15.6. Digitalizador de imágenes.

— **Monitor y Tarjeta de Video**: El monitor o terminal de video es la forma fundamental de salida de datos y comunicación del sistema con el usuario del mismo. Este bloque se compone de una tarjeta de video, que realiza la conversión de información interna entre el sistema y el monitor, basado en información video. El tipo de información que se puede obtener en el monitor se puede dividir básicamente en texto o gráficos, y en monocromo o color. El tipo de conexión de video es RGB (red-green-blue) y su sincronismo puede ser fijo o variable. Los tipos básicos de tarjetas gráficas existentes son: MDA (tarjeta de video monocroma), CGA (tarjeta gráfica de color, permitiendo incorporar 16 colores, con una resolución en el monitor de 640 x 200 pixels —un pixel es la unidad de información a visualizar en el monitor—), HGC (tarjeta gráfica Hércules, monocromo o color con una resolución de 720 x 350 pixels), EGA (tarjeta gráfica mejorada, mejora de la CGA, con resolución de 640 x 350 pixels y pudiendo mostrar 16 colores de una paleta de 64 posibles), VGA (matriz de gráficos de video, mejora de la EGA, con resolución de 640 x 480 pixels y pudiendo mostrar 16 colores de una paleta de más de 256.000 posibles), así como otras posibilidades existentes en tarjetas especiales de video (como puede ser el SVGA, con una resolución de hasta 1280 x 1024 pixels y una gama de colores muy superior a la VGA). En cuanto al tipo y tamaño, van desde monitores de 12", a los mo-

Figura 15.7. Monitores de 14" y de 19".

nitores más extendidos de 14", o los monitores de alta definición y frecuencia de sincronismo variable de 19 pulgadas (figura 15.7). La figura 15.8 muestra un PC con expansión y monitor de 19".

— **Tarjetas de sonido y video (multimedia)**: Estas tarjetas de expansión permiten la inclusión en el PC bien de sonido (tanto de un micrófono como de un equipo de sonido) o de video (de una cámara o un reproductor de video), así como reproducir con alta calidad sonido por unos altavoces externos al PC o por un equipo musical con interface MIDI (Musical Instrument Digital Interface). El fabricante más extendido de estas tarjetas es Creative Labs con las tarjetas Sound Blaster PRO (para sonido) y Sound Blaster Video.

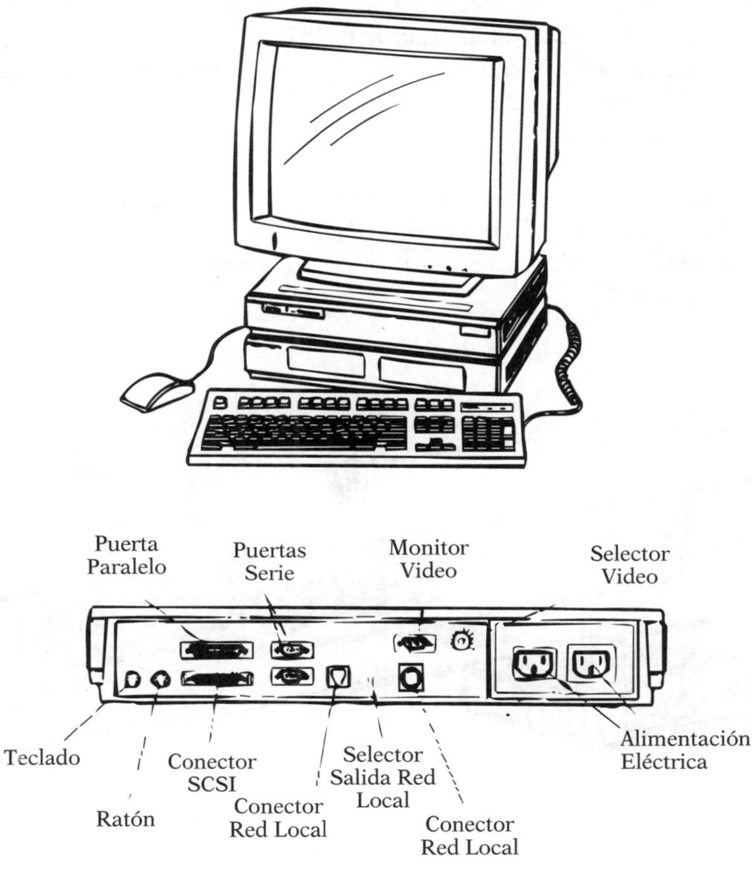

Figura 15.8. Vista frontal y trasera de un PC con caja de expansión.

— **Puerta Paralelo e Impresoras**: Mediante la puerta paralelo de 32 líneas (con interface Centronics) se puede comunicar el PC con una impresora tipo Centronics. Este método de comunicación es el más extendido hoy en día para impresoras, aunque también existen impresoras con interface serie. La figura 15.9 muestra los conectores serie y paralelo del lado de la impresora.

Existen varios tipos de impresoras. Las más extendidas entre usuarios de tipo general son las de agujas, por su reducido coste. La calidad de las mismas depende fundamentalmente del número de agujas con que se realiza la transferencia de tinta al papel (pueden ser de 8, 16 ó 24 agujas). También se empiezan a extender actualmente las impresoras de bajo coste de chorro de tinta, así como las de transferencia térmica o de transferencia de cera. Entre las impresoras profesionales las más extendidas usan técnicas láser (como las fotocopiadoras) para la transferencia de la información al papel. La figura 15.10 muestra dos ejemplos de impresoras, una de agujas y otra láser.

Por último, también se empieza a utilizar actualmente la interface paralelo para añadir dispositivos externos de almacenamiento, pudiéndose así mover y utilizar en varios PCs de forma sencilla.

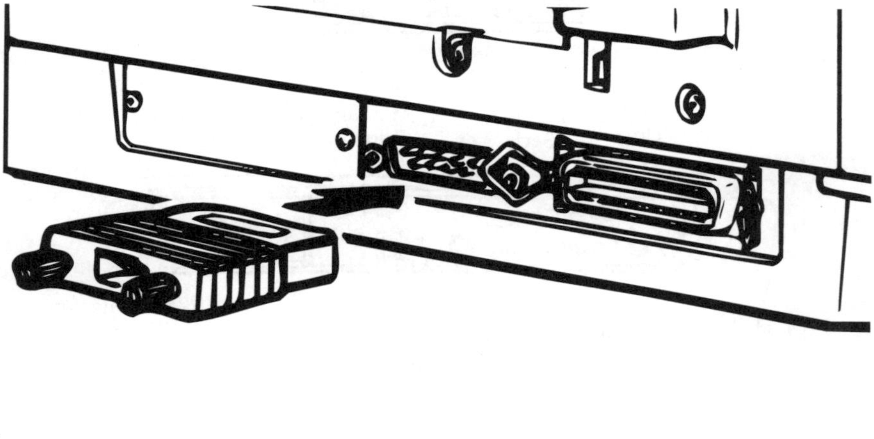

Figura 15.9. Conectores traseros de impresora (puertas serie y paralelo).

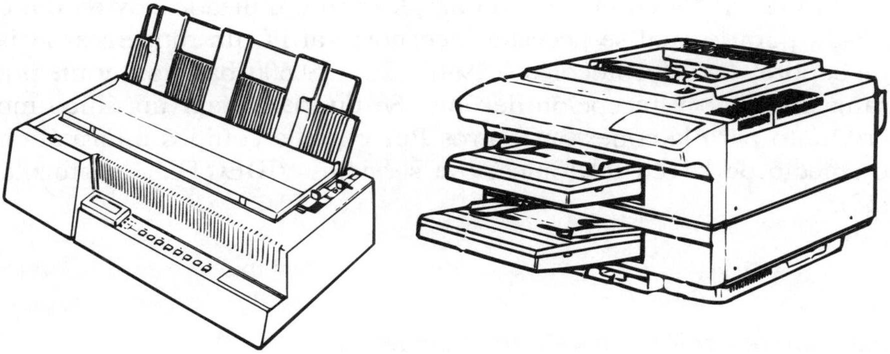

Figura 15.10. Impresoras de aguja y láser.

— **Puerta Serie y Comunicación**: La comunicación entre PCs más extendida actualmente es la puerta serie, bien para conexiones directas o bien utilizando como canal de transporte la red telefónica. Esta puerta utiliza un interface RS-232 (figura 15.11), que permite desde la comunicación sencilla entre dos PCs para transferencia de ficheros o utilización externa con únicamente 3 líneas, hasta el uso de un modem (equipo de interconexión a la red telefónica mediante modulación y demodulación de la señal digital en señal analógica que se transmite por la red telefónica) para el acceso a un PC u otro equipo informático remoto mediante las 25 líneas de la interface. La velocidad normal de uso de esta puerta serie oscila entre los 1200 baudios (bits o unidades digital por segundo) típicos en el uso de modem, hasta los 9.600 o 19.200 baudios para el acceso local a un equipo servidor u otro PC, o hasta el máximo de 115.200 baudios para la transferencia de ficheros entre dos PCs.

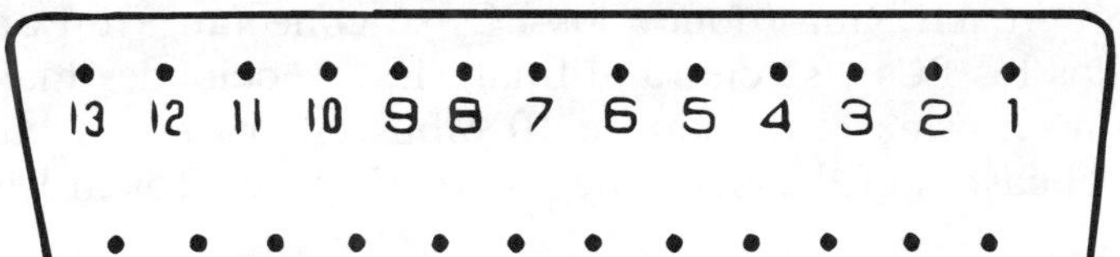

Figura 15.11. Conector serie RS-232.

Un método de comunicación ampliamente utilizado hoy en día es el FAX, para lo cual se necesita incorporar al PC un modem especial que soporte FAX (protocolos V.29 ó V.32, a 9.600 baudios) y un programa de envío y recepción de FAX. Se puede utilizar un único modem tanto para la conexión a otros PCs como a equipos informáticos por medio de la red telefónica, o a servicios VIDEOTEX (protocolos V.23).

15.2. Introducción a las Redes Locales

Una red local está formada por un conjunto de PCs u otros equipos informáticos, unidos a través de un medio físico de alta velocidad de transmisión y mediante el cual se pueden comunicar para intercambiar información. Para montar una red local se necesita una tarjeta de comunicaciones especializada de esa red local (que permite el intercambio de información a alta velocidad), y un programa de comunicación de red local, el cual permite una serie de funciones, como son: uso de impresoras remotas de cualquier PC de la red por otro PC, uso del disco de cualquier PC de la red por otro PC, uso de correo electrónico para el intercambio de mensajes entre los usuarios de la red, ... Estas redes básicas son las denominadas redes entre iguales (o peer-to-peer en terminología inglesa).

Un siguiente nivel en las redes locales lo incorporan las redes con servidor, el cual es un PC u otro sistema informático dedicado a servir discos, impresoras, así como comunicaciones (FAX, comunicación con otras redes o equipos, envío y recepción de correo electrónico a otras redes, ...). Entre estas redes las más extendidas son Netware de Novell, LAN Manager de Microsoft y Pathworks de DIGITAL. Estas redes se pueden montar en bus, sobre Ethernet (con lo que todos los PCs se conecta a una línea de cobre que recorre todos los PCs), o en anillo, sobre Token Ring (donde los PCs se conectan a un anillo que recorre todos los PCs y se cierra al final). Las velocidades máximas de información en estas redes son de 10 Mbps (1 bps es un bit por segundo) en el caso de Ethernet, o de 4 ó 16 Mbps, en Token Ring (figura 15.12).

Las redes locales (LAN en inglés, Local Area Network) se caracterizan porque se encuentran localizadas en una zona concentrada (piso, edificio). Cuando estas redes se encuentran diseminadas por una geografía, unidas entre sí por medio de redes públicas de transmisión (como Telefónica), se denominan WAN (Wide Area Network), siendo las redes MAN (Metropolitan Area Network) un caso particular de redes en la misma ciudad.

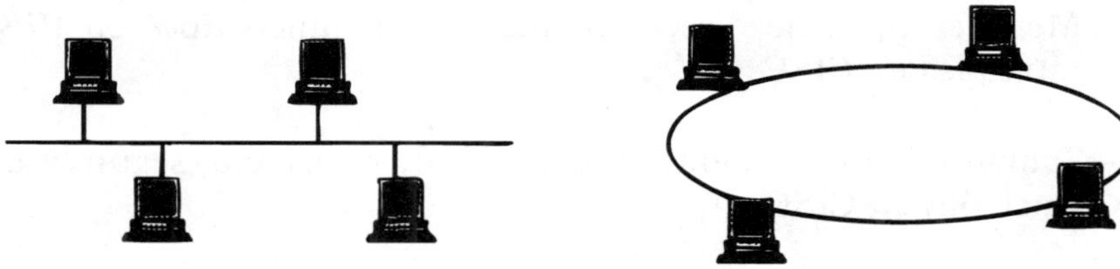

Figura 15.12. Redes locales Ethernet y Token Ring.

15.3. Estaciones de trabajo RISC

Una estación de trabajo RISC (Reduced Instruction Set Computer) es aquella en la que el microprocesador que utiliza como Unidad Central de Proceso no está diseñado siguiendo la tecnología tradicional CISC (Complete Instruction Set Computer), en la cual el juego de instrucciones que puede ejecutar el microprocesador incorpora tipos de instrucciones de duración variada, pudiendo existir instrucciones que se ejecutan en un ciclo de reloj y otras instrucciones que se ejecutan en muchos ciclos de reloj. En el caso de los procesadores RISC, el objetivo básico es que todas las instrucciones básicas del procesador se ejecuten en un ciclo de reloj, dejándose que aquellas instrucciones de duración mayor se ejecuten por programa.

Las diferencias básicas entre un microprocesador basado en diseño RISC (Intel i860, MIPS R4000, DIGITAL 21064, ...) y los basados en diseño CISC (Intel 80x86, Motorola 68xxx, DIGITAL NVAX, ...) son las siguientes:

— Número mayor de registros en el microprocesador (típicamente más de 50 registros en diseño RISC y de 8 a 30 registros en CISC),

— Número menor de instrucciones en el juego básico del microprocesador (menos de 100 en diseño RISC, de 100 a 250 instrucciones en CISC),

— Duración menor de instrucciones a ejecutarse (típicamente una instrucción por ciclo de reloj) en RISC y duración variable en función de la instrucción en CISC (la mayoría de instrucciones durán varios ciclos de reloj),

— Menores tipos de direccionamiento (un único tipo) en RISC, múltiples en CISC,

— Tamaño de instrucciones fijo en RISC, y variable (según la instrucción) en CISC.

De esta forma se han conseguido diseños de microprocesadores de alta potencia de cálculo y prestaciones, muy utilizados en las denominadas estaciones de trabajo, que son sistemas informáticos de uso personal de gran potencia de cálculo y de elevadas prestaciones gráficas. La figura 15.13 muestra el aspecto de una estación de trabajo, así como su vista posterior.

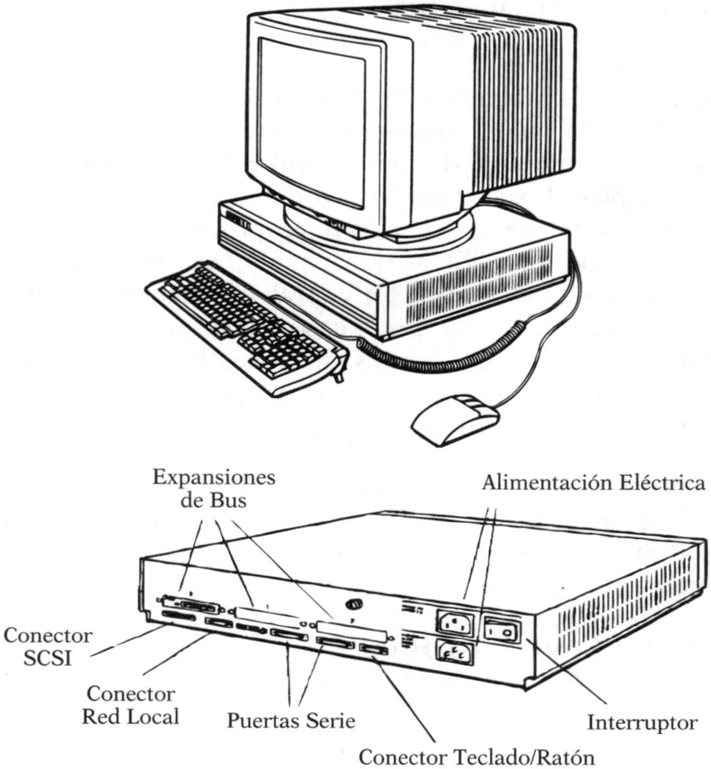

Figura 15.13. Vista frontal y posterior de una estación de trabajo RISC.

Típicamente, una estación de trabajo incorpora:

— Microprocesador de arquitectura RISC de alta capacidad de proceso (las de mayor potencia incorporan varios procesadores en paralelo),

— Microprocesador gráfico especial dedicado (permitiendo unas muy elevadas prestaciones gráficas, como es el Intel i860, obteniendo resoluciones muy elevadas —1280 por 1024 o mayores—, 24 planos de memoria gráfica, número elevado de colores, gráficos en 2D y 3D, ...),

— Microprocesador especial dedicado para comunicaciones, integrando la conexión a la red local (en caso de necesidad de muy alta velocidad de transferencia de datos, existen adaptadores para redes de 100 Mbps en FDDI, con fibra óptica),

— Bus interno y externo de alta velocidad, para la conexión de periféricos de alta velocidad (TURBOchannel),

— Interconexión de dispositivos de almacenamiento mediante interface SCSI.

La barrera entre las estaciones de trabajo y los ordenadores personales se acorta día a día, ya que cada vez es mayor la potencia de los ordenadores personales, aunque tambien crece la de las estaciones de trabajo. Como se verá al analizar los sistemas operativos existentes, éstos y las aplicaciones son los que aún hoy en día diferencian las estaciones de trabajo y los PCs.

15.4. Introducción a los Sistemas Operativos

El Sistema Operativo es el programa que permite interactuar al usuario del equipo informático sobre el mismo, pudiendo éste decidir el flujo de procesos a realizar así como controlar el funcionamiento del mismo. El sistema operativo se encarga de traducir las órdenes que recibe, bien del usuario, bien del programa que se este ejecutando, y realizar las operaciones de bajo nivel que utilizan los componentes físicos del sistema (Hardware). El conjunto formado por el sistema operativo y los programas de aplicación componen el Software (figura 15.14).

Las características y funciones básicas de un sistema operativo son:

— Interface de usuario
— Gestión del trabajo de la unidad central de proceso
— Gestión de memoria
— Gestión de datos y dispositivos
— Gestión de programas

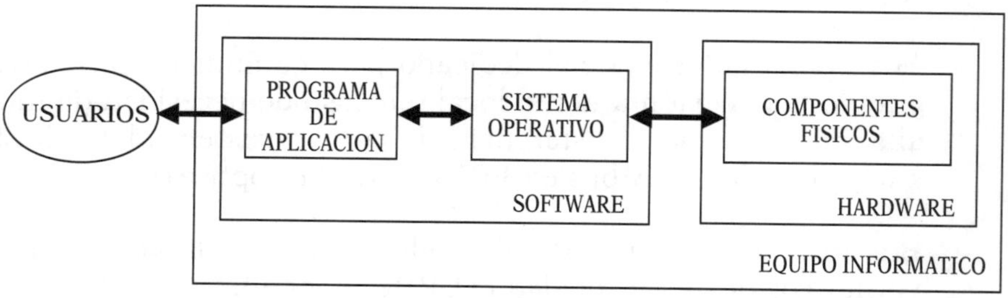

Figura 15.14. Interoperación entre el hardware y software.

Un sistema operativo se puede identificar por las siguientes propiedades:

— **Mono-usuario o multi-usuario**: el sistema operativo recibe las ordenes de control así como el flujo de procesos a realizar a partir de las ordenes de un único usuario, mientras que en un sistema multi-usuario estas órdenes pueden recibirse de varios usuarios, por lo que deberán existir mecanismos especiales de protección y seguridad para que no se puedan utilizar una serie de elementos de un usuario por otro distinto, a no ser que éste se lo permita.

— **Mono-proceso, proceso principal/secundario o multiproceso**: un sistema mono-proceso es aquel en que únicamente se ejecuta un programa a la vez, pudiendo sin embargo existir la posibilidad de que una acción externa (interrupción) altere el flujo del programa en ejecución, arrancando un programa diferente.

En un sistema mono-proceso todos los recursos del sistema (elementos hardware) se encuentran a disposición del proceso en ejecución.

Un sistema que permite la ejecución de un proceso principal/secundario es aquel en que pueden estar cargados en memoria dos programas a la vez, uno de ellos ejecutándose (proceso principal) y el otro (proceso secundario) a la espera de los períodos en que el proceso principal esté a la espera de alguna entrada de datos (de usuario, disco, cinta, ...). Ambos procesos comparten la memoria del sistema, utilizando de forma alternativa el resto de componentes hardware del mismo.

Por último, un sistema multi-proceso es aquel en que pueden estar a la vez en memoria varios proceso, de los cuales en un momento dado sólo uno de ellos se está ejecutando (en el caso de sistemas mono-procesador), pero todos se encuentran en espera de que les llegue el turno de entrar en ejecución. Para la gestión de que proceso es el que en un momento dado tiene el control del sistema suele existir un sistema de gestión de prioridades entre los distintos procesos a ejecutarse.

— **Tiempo compartido o gestión de eventos**: un sistema en tiempo compartido es aquel sistema multiproceso en el que a cada proceso le corresponde un tiempo predeterminado de uso de los recursos del sistema, modificable por el responsable del sistema.

  Un sistema multiproceso basado en gestión de eventos es aquel en que la decisión de a que proceso le corresponde el uso de los recursos del sistema se determina en función de las prioridades de los mismos, pero además el tiempo de uso de cada proceso es dinámico, basándose en el uso de los recursos que hace cada proceso (así, cuando un proceso está a la espera de un dato de entrada de un usuario, este proceso deja de utilizar la unidad central de proceso, por lo que pierde su turno cediendo el paso a otro proceso; una vez que se realice la entrada de datos que espera el proceso inicial —mediante una interrupción—, el programa en situación de espera vuelve a estar disponible para el uso de la unidad central de proceso, cuando le toque su turno de ejecución).

— **Sistema mono-procesador o multi-procesador**: un sistema mono-procesador es aquel en que existe un único procesador en el sistema, por lo que en un momento dado únicamente se podrá ejecutar un proceso o programa a la vez. Por contra, un sistema multi-procesador es aquel que incorpora en el sistema informático varias unidades centrales de proceso, por lo que a la vez se podrán ejecutar varios programas (teniendo que incorporar el sistema operativo el control y gestión de la memoria y elementos del sistema para evitar los usos no permitidos o concurrentes, en el caso de que éstos no se puedan producir).

Algunos sistemas operativos (como openVMS) incorporan la posibilidad de que varios sistemas informáticos separados se comporten como si fueran un único sistema informático para el usuario, posibilitando los **sistemas levemente acoplados** (VAX Cluster), por distinción de los **sistemas fuertemente acoplados** (que es el caso de un sistema multi-procesador).

Una vez definidos los conceptos básicos de un sistema operativo, se van a enunciar las características de los sistemas operativos más extendidos actualmente, así como el entorno hardware en que estos funcionan. Brevemente, el reparto de equipos existente actualmente (fuente Dataquest, 1.992) es: 45% de ordenadores personales (con unas 100.000.000 licencias de MS-DOS, unos 20.000.000 de licencias de MS-Windows, y un 9% de equipos Apple), 9% de estaciones de trabajo (la mayoría sobre sistema operativo UNIX, principalmente SUN y Hewlett-Packard), 23% de sistemas departamentales (principalmente sistemas OS/400 y VMS), 21% en sistemas en ordenadores centrales (host, mayoría IBM con MVS) y 2% en supercomputadores (mayoritariamente CRAY).

MS-DOS

El sistema operativo MS-DOS (Microsoft Disk Operating System) fué creado por Microsoft en 1.981, como un encargo de IBM para un nuevo y revolucionario ordenador con características de uso personal, el PC. Este sistema operativo ha evolucionado considerablemente, adaptándose a la evolución de los PCs disponibles y su periferia asociada. Así, la versión más extendida es la DOS 3.3, aunque se empieza a imponer la versión actual 5.0, que incorpora el soporte de los 386 y 486 de Intel, así como las nuevas capacidades de memoria, discos, cintas y sistemas multimedia (se acaba de introducir la versión 6.0).

Como características básicas, el DOS se ha desarrollado para PCs con microprocesadores Intel y compatibles, y es un sistema operativo mono-usuario y mono-proceso, incorporando una interface de usuario basada en un interprete de comandos. La versión 5.0 se ha mejorado considerablemente en el aspecto de interface de usuario, incorporando una ayuda en línea de los comandos, así como un programa en entorno gráfico para la interface de usuario con el DOS, denominado Shell.

La configuración básica del DOS se realiza a partir de los dos ficheros básicos, CONFIG.SYS y AUTOEXEC.BAT. El primero realiza la carga en memoria de los ficheros que contienen los controladores (drivers o dispositivos de interface con los distintos elementos hardware), así como los dispositivos de carga del gestor de memoria, de disco virtual en memoria, o de caché de disco en memoria. El segundo, AUTOEXEC.BAT es un fichero de proceso de trabajo en lotes, el cual permite personalizar o configurar el arranque del PC, permitiendo cargar programas residentes (interrupciones) o configurar el teclado, ratón u otros dispositivos.

Para finalizar con el sistema operativo DOS, se va a comentar brevemente la gestión de memoria del mismo. El DOS como sistema operativo desarrollado en tiempos de escasez (y elevado precio) de componentes, y debido a la primera versión de DOS sobre el microprocesador de Intel 8088 (bus de direcciones de 20 bits), para el direccionamiento máximo del DOS es de 1 MB, de los cuales se pueden utilizar para sistema operativo y programa 640 kB, y el resto para video, ... A partir de la versión 4.0 de DOS comenzaron a proliferar los programas para gestionar más memoria, la cual había disminuido significativamente de precio. Por estos motivos, Microsoft incorpora en su actual versión DOS 5.0 un programa de gestión de memoria (HIMEM.SYS) para poder direccionar la memoria que se encuentra localizada a partir de los primeros 640 kB, que son los únicos que podrá gestionar en principio, una aplicación funcionando en DOS.

La figura 15.15 muestra un mapa de memoria simplificado del MS-DOS. En la zona más baja de memoria se cargan las direcciones de los vectores (posiciones de carga de los programas) de interrupciones. A continuación se carga el núcleo del MS-DOS (también llamado ejecutivo o kernel) que contiene los programas IO.SYS y MSDOS.SYS (MS-DOS 5.0), los controladores cargados en el CONFIG.SYS y el COMMAND.COM (comandos más utilizados del sistema operativo). A continuación se cargan los programas residentes (comunicaciones, anti-virus, ...), y por último los programas de aplicación.

A partir de los 640 kB existe la zona de memoria superior (UMB, Upper Memory Blocks), en la que se pueden cargar la memoria espejo de la ROM (para un acceso más rápido), el bloque de referencia del DOS en memoria extendida (que se verá a continuación), controladores de video, ... A partir del primer MB existe la página de referencia de la memoria extendida, denominada memoria alta (HMA, High Memory Area, 64 kB), que permite el poder utilizar la memoria extendida o expandida. Por último, a partir de esta posición, comienza la memoria extendida o la memoria expandida, en función de como se configure el gestor de memoria del MS-DOS 5.0 (EMM386.SYS). El uso de uno u otro tipo de memoria dependerá de los progranas a utilizar, los cuales en un principio se diseñaron para el uso de memoria expandida, pero actualmente se están pasando en su mayoría al uso de memoria extendida.

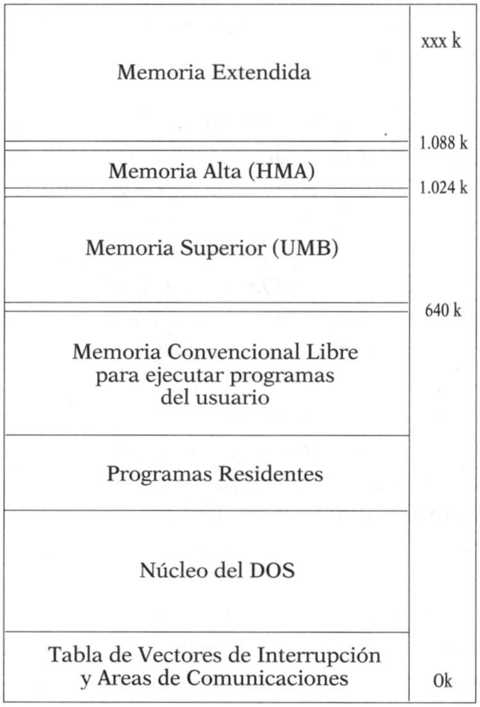

Figura 15.15. Mapa de memoria del sistema operativo MS-DOS (versión 5.0).

Para finalizar, se puede utilizar además la memoria sobrante para realizar un disco virtual en memoria (ganando así en velocidad de acceso a programas o ficheros de uso muy frecuente, pero que se pierden al apagar el PC), o para utilizar parte de la memoria en una memoria caché rápida de acceso al disco.

MS-WINDOWS

El sistema operativo MS-WINDOWS (Microsoft Windows) se creó por Microsoft como un entorno gráfico avanzado de uso sencillo orientado al uso de aplicaciones y programas por usuarios no expertos, siguiendo el camino abierto por Apple y su ordenador Macintosh, utilizando como sistema operativo de base el MS-DOS, convirtiéndose en un GUI sobre MS-DOS (GUI, Graphic User Interface).

Hoy en día está en el mercado la versión 3.1 de MS-WINDOWS (con interface de programación de 16 bits), versión totalmente reformada de la 2.0 que se creó para el Intel 286, y nueva versión más estable de la versión 3.0, que incorpora el soporte de los microprocesadores Intel 386 y 486, así como mayor soporte de periféricos y entornos de voz y sonido (multimedia).

Básicamente, MS-WINDOWS no es un sistema operativo completo, sino que es un GUI sobre MS-DOS, pero que incorpora nuevas funcionalidades y programas para facilitar y optimizar el uso del hardware del PC. MS-WINDOWS se ha desarrollado para PCs, con microprocesadores Intel y compatibles, y es un sistema operativo mono-usuario y multiproceso con reparto estático del tiempo de procesador de cada programa, incorporando una interface de usuario basada en un entorno de múltiples ventanas con uso de teclado y ratón.

Incorpora una gestión completa de memoria, por lo que no tiene la limitación inherente del MS-DOS de 640 kB de memoria. Además permite la posibilidad de incorporar una zona de disco como memoria de tiempo de acceso mayor. Igualmente permite el ejecutar programas desarrollados para MS-DOS directamente y sin modificación, creando un entorno MS-DOS completo para cada aplicación MS-DOS que se ejecuta a la vez.

OS/2

El sistema operativo OS/2 fué creado por IBM como un entorno gráfico avanzado de uso sencillo orientado al uso de aplicaciones y programas por usuarios expertos, como competencia al MS-WINDOWS. Al no estar desarrollado sobre MS-DOS no tiene ninguna de las limitaciones de éste, por lo que tiene una arquitectura más moderna y flexible.

La arquitectura de este sistema operativo es de 32 bits sobre microprocesadores Intel, incorporando un completo interface gráfico de usuario, similar en funcionalidad al de MS-WINDOWS. Permite la ejecución de programas MS-DOS y de programas MS-WINDOWS. OS/2 es un sistema operativo mono-usuario y multiproceso, incorporando una interface de usuario basada en un entorno con múltiples ventanas con uso de teclado y ratón.

Windows NT

El sistema operativo Windows NT es un desarrollo actualmente en marcha por Microsoft para realizar un nuevo sistema operativo con interface GUI de ventanas e interface de aplicaciones de 32 bits, multiusuario y multitarea, para aprovechar de una forma completa y flexible los nuevos microprocesadores existentes (tanto Intel 80386 y superiores, como la mayoría de microprocesadores RISC). Se prevé su aparición a mediados de 1993, e incorporará la posibilidad de poder ejecutar la mayoría de programas de MS-DOS y de MS-WINDOWS.

Windows NT incorpora características de servidor (posibilidades de multiprocesador) así como gestión de seguridad avanzada, sin perder de vista las características de puesto de trabajo, todo ello integrado en una red local.

*U*IX*

Las distintas familias del UNIX desarrollado inicialmente por AT&T han sido la respuesta de una serie de fabricantes de hardware y desarrolladores de software para crear un entorno compatible entre distintas plataformas de ordenadores. Existen diversas versiones de UNIX según los distintos fabricantes, pudiéndose resumir en:

— UNIX System V: versión original de AT&T, Sun y otros fabricantes.

— HP-UX: versión de UNIX de Hewlett-Packard.

— ULTRIX: versión de UNIX de DIGITAL Equipment Corporation.

— AIX: versión de IBM para estaciones RISC RS-6000.

— SCO UNIX: versión de Santa Cruz Operation para equipos Intel.

En general las distintas versiones se están agrupando actualmente en dos: UNIX System V de AT&T y un grupo de fabricantes, y OSF/1, versión de UNIX creada por la Open System Foundation, fundación creada por una serie de fabricantes en respuesta al predominio de AT&T en el mercado del UNIX, para la creación de un UNIX estándar entre diversos fabricantes y plataformas. OSF igualmente ha definido una interface gráfica de usuario estándar, denominada OSF/MOTIF, que permite mantener las mismas funcionalidades y formas de trabajo entre los distintos fabricantes de estaciones de trabajo con sistema operativo OSF.

UNIX es un sistema operativo multiusuario y multiproceso, con capacidad de procesamiento paralelo, así como la posibilidad de tratar en un mismo programa varios procesos que se ejecutan a la vez (threads).

15.5. Servidores y Ordenador Central

El concepto de servidor nació en el entorno de aplicaciones departamentales, de forma que en vez de cargar el ordenador central (host) con más aplicaciones, se prefería utilizar sistemas informáticos de menor tamaño para descentralizar la potencia y las necesidades de sistemas donde poder utilizar las aplicaciones necesarias por un departamento, aprovechando el cada vez menor coste y mayor potencia de los sistemas informáticos.

Los tipos de servidores más frecuentes son:

— Servidores de dispositivos de almacenamiento (disco, cintas, discos ópticos, ...)

— Servidores de dispositivos de impresión avanzados (impresoras de alta velocidad o calidad, plotters, ...)

— Servidores de aplicaciones y/o bases de datos

— Servidores de comunicaciones (terminales, modem, telex, FAX, correo electrónico, ...)

Los sistemas operativos más usados en servidores son OS/400 (AS/400 de IBM), OpenVMS (equipos VAX de DIGITAL) y U*IX (distintas versiones según los distintos fabricantes).

Dentro de los servidores se encuentra un grupo especial denominado sistemas tolerantes a fallos, que son aquellos equipos que permiten que aunque exista un fallo (hardware y/o software) en alguna parte del sistema, éste siga funcionando y se pueda reparar con el sistema en marcha. Los equipos tolerantes a fallos más empleados son los TANDEM (con sistema operativo GARDIAN), DIGITAL (con openVMS) y STRATUS (con UNIX System V).

Como elementos fundamentales dentro de los grandes sistemas de tratamiento de información en entornos comerciales existen los ordenadores centrales, los cuales se encargan de la mayoría de la actividad informática (fundamentalmente los procesos transaccionales, en los cuales se basa el negocio de la empresa o entidad financiera, realizando los apuntes y verificaciones de la información). El proceso transaccional permite la determinación previa del tiempo de respuesta de la transacción (petición/envío de información desde un puesto de trabajo al ordenador central) así como una utilización óptima de la capacidad del ordenador central.

Los ordenadores centrales más extendidos son los IBM (series 3090 y 9000), así como equipos compatibles FUJITSU, NCR, BULL, ..., y los equipos DIGITAL (VAX 9000 y 10000). Los primeros funcionan en la mayoría de los casos con el sistema operativo MVS y el entorno transaccional CICS.

15.6. Superordenadores

Los superordenadores son ordenadores específicos destinados a resolver problemas de alta capacidad de cálculo, básicamente en entornos científicos. Para ello se utilizan ordenadores de alta velocidad de cálculo, así como ordenadores con multi-procesador y procesamiento paralelo masivo.

Una de las características de estos superordenadores es el denominado proceso vectorial, en el cual en vez de realizarse en un momento una operación sobre un dato se pueden realizar a la vez la misma operación sobre una serie de datos en paralelo (concepto de vector de datos). Las aplicaciones básicas de estos superordenadores son los cálculos científicos, así como las simulaciones de situaciones complejas, como son la previsión meteorológica, los estudios sismográficos o el comportamiento de estructuras complejas.

Hasta la actualidad este mercado estaba dominado por los sistemas tradicionales CRAY, con sistemas basados en procesadores CISC propietarios de cada fabricante con sistemas con alta capacidad de memorias rápidas y sistemas de almacenamiento de elevada velocidad de entrada/salida.

Actualmente este mercado se encuentra en plena revolución basada en el uso de sistemas masivamente paralelos. Estos se pueden realizar en función de:

— Transputers (transistor computer); son sistemas informáticos específicos desarrollados para el cálculo con una capacidad elevada de entrada/salida de datos, a través de canales de comunicación con otros elementos del sistema paralelo. Utilizan sistemas operativos y lenguajes de programación específicos.

— Microprocesadores estándares (Intel, RISC, ...) en estructuras matriciales: se basan en la disposición física de múltiples procesadores en estructuras matriciales, con una elevada capacidad de memoria y un canal de entrada/salida de datos al sistema de almacenamiento de alta velocidad de transferencia.

Existen actualmente dos tendencias en el tratamiento de los problemas que resuelven los sistemas masivamente paralelos: los SIMD (single instruction, multiple data) en los cuales se puede ejecutar una operación simultáneamente sobre varios datos distintos a la vez (sistema vectorial anteriormente comentado, pero elevado a la estructura de dos o tres ejes en disposición matricial), o bien MIMD (multiple instruction, multiple data), en los cuales se ejecutan diversas operaciones sobre los diversos datos cargados en memoria.

Actualmente están más desarrollados los sistemas SIMD, de los cuales existen comercialmente sistemas con más de 1.000 procesadores cada uno con su memoria local, existiendo sistemas con hasta 20.000 procesadores y 1.000 MB de memoria RAM. Una de las ventajas es su coste, sensiblemente inferior al de los superordenadoes tradicionales.

En los sistemas tradicionales se medía la capacidad de proceso en MIPS (millón de instrucciones por segundo), lo cual utilizaban los diversos fabricantes de forma subjetiva para dar sus datos de capacidad de proceso; en función de que tipo de instrucciones se estuviesen ejecutando en la prueba de rendimiento. Actualmente se han creado diversas pruebas estándar de rendimiento, como son las SPECmark (System Performance Evaluation Cooperative), en las cuales se definen una serie de pruebas estándar y se compara la velocidad de proceso con el sistema VAX 11/780, considerado un estándar en los sistemas departamentales.

Los superordenadores miden su capacidad de proceso normalmente en GIPS (miles de millones de instrucciones por segundo) y en MFLOPS o GFLOPS (millones o miles de millones de instrucciones en coma flotante por segundo).